"一带一路"气象服务丛书

"一带一路"气象服务战略研究

孙 健　廖 军◎主编

图书在版编目(CIP)数据

“一带一路”气象服务战略研究 / 孙健，廖军主编
. — 北京 ：气象出版社，2018.3

ISBN 978-7-5029-6732-1

Ⅰ.①一… Ⅱ.①孙… ②廖… Ⅲ.①气象服务-研究 Ⅳ.①P451

中国版本图书馆 CIP 数据核字(2018)第 032014 号

“Yi Dai Yi Lu”Qixiang Fuwu Zhanlüe Yanjiu

“一带一路”气象服务战略研究

出版发行：气象出版社
地　　址：北京市海淀区中关村南大街 46 号　　**邮政编码**：100081
电　　话：010-68407112(总编室)　010-68408042(发行部)
网　　址：http://www.qxcbs.com　　**E-mail**：qxcbs@cma.gov.cn
责任编辑：黄红丽　黄海燕　　**终　　审**：吴晓鹏
责任校对：王丽梅　　**责任技编**：赵相宁
封面设计：楠竹文化
印　　刷：北京中石油彩色印刷有限责任公司
开　　本：710 mm×1000 mm　1/16　　**印　　张**：14
字　　数：251 千字
版　　次：2018 年 3 月第 1 版　　**印　　次**：2018 年 3 月第 1 次印刷
定　　价：70.00 元

《“一带一路”气象服务战略研究》
编委会

主　编：孙　健　廖　军

编　委：裴顺强　赵　东　王　昕　乔亚茹
李　蕊　刘颖杰　孙　楠　李赫然
徐相华　艾婉秀

前　言

2013年9月，习近平主席在访问哈萨克斯坦时提出构建“丝绸之路经济带”的设想；同年10月，习近平主席在印度尼西亚出席亚太经济合作组织(APEC)领导人非正式会议期间提出与东盟国家共同建设“21世纪海上丝绸之路”的倡议，共同打造政治互信、经济融合、文化包容的利益共同体、命运共同体和责任共同体。2015年3月，经国务院授权，国家发展和改革委员会、外交部、商务部联合发布《推动共建丝绸之路经济带和21世纪海上丝绸之路的愿景与行动》。2017年5月，中国举办首届“一带一路”国际合作高峰论坛，发布《“一带一路”国际合作高峰论坛圆桌峰会联合公报》。2017年10月，党的十九大报告提出中国坚持对外开放的基本国策，坚持打开国门搞建设，积极促进“一带一路”国际合作，努力实现政策沟通、设施联通、贸易畅通、资金融通、民心相通，打造国家合作新平台，增添共同发展新动力。“桃李不言，下自成蹊”，4年来，全球100多个国家和国际组织积极支持和参与“一带一路”建设，“一带一路”建设内容也纳入联合国大会、联合国安理会等重要决议。“一带一路”建设逐渐从理念转化为行动，从愿景转变为现实，建设成果丰硕。

“一带一路”倡议的提出，携手推动了更大范围、更高水平、更深层次的大开放、大交流、大融合，为中国气象服务“走出去”提供了全新的机遇。“一带一路”沿线多数区域国家气象灾害频发，无论是东南亚和南亚、欧亚大陆腹地，还是中东欧地区都面临极端气象灾害的侵袭。2012年初，百年罕见寒流暴雪横扫欧亚，600多人失去生命；2012年底，欧洲中部和东部出现罕见寒流暴雪天气，部分地区出现百年来最低温度，造成东欧逾650人死亡；2013年，超强台风“海燕”袭击菲律宾，造成6 000多人死亡。

“一带一路”沿线国家气象服务能力和水平存在较大的差异性。东南亚、西亚、中东欧地区等不同区域国家基本建立了完整的气象服务业务体系，气象服务总体水平也较高。而南亚、中亚区域国家的气象服务发展不平衡状况突出，一些国家气象服务水平较低，服务产品种类少，服务形式单一；一些国家的气象服务只能依靠国际组织援助建设的少数气象观测站提供简单的数据服务，气象服务对经济社会发展的保障水平亟待提升。

“一带一路”沿线国家由于产业结构、气候条件及发展阶段不同决定了其对气象服务的需求存在较大差异。气象服务要想搭乘“一带一路”快车，就不得不考虑这些因素。中国气象服务参与“一带一路”建设，一方面可以利用比较优势为区域经济和社会发展提供综合防灾减灾服务和技术支持；另一方面，通过气象服务“走出去”，有利于推动提升自身能力，打造有竞争力的国际气象服务品牌。气象服务国际化是中国气象服务产业发展的必然趋势，积极对接“一带一路”建设，搭乘产业出海发展之船，将有效促进中国气象产业在服务能力、产业融合、国际化水平等方面实力的提升。

本书以“一带一路”倡议为指导，立足全球气候变化趋势和中国气象服务能力，以“着眼大局、保障安全、服务民生”为基本原则，围绕“帮助域内国家防灾减灾能力提升、促进域内国家经济绿色发展、保障中国气象企业‘走出去’”三个主要目标，首次把“一带一路”气象服务与相关域内国家政治、经济、社会发展联系起来，系统介绍了“一带一路”沿线国家天气气候条件和发展现状，重点分析了中国开展“一带一路”气象服务潜力、竞争力、优先级，提出了开展“一带一路”气象服务的基本原则、路线和具体推进方式，通过综合分析研究，把握“一带一路”气象服务的基本方向，为中国气象部门、气象相关企事业单位、社会服务机构深度参与

“一带一路”建设提供参考。

参与“一带一路”气象服务，重点是市场导向，核心是科技竞争力。本书从技术、市场、实践经验等多个维度，在“一带一路”和“全球”两个层面进行横向比对分析，给出单指标竞争力评级和综合竞争力评级，梳理出数值模式等具有较大竞争优势的领域。中国气象服务能力比较优势明显，主要体现在预报预警气象技术能力、完备的气象服务体系、先进的监测装备仪器制造能力、气象服务相关产业配套以及对气象相关社会资源的整合协调组织能力等方面。

应该看到，“一带一路”气象服务“走出去”面临信息化和互联网技术的发展、全球气候变化深刻影响和全方位开放的需求带来的机遇，也面临包括来自西方发达和域内其他国家的市场竞争、地缘和法律政策风险、社会包容性等方面的挑战。总体来看，气象服务护航“一带一路”建设，不仅关乎中国气象事业及相关产业的发展，也关乎造福“一带一路”沿线国家人民，推动世界朝着更为开放、包容、普惠、平衡、共赢的方向发展。因此，本书提出应加快完善各类基础性服务平台建设，提升气象科技支撑能力，强化面向全球的精细化气象监测预报服务能力，推动“中国气象”品牌国际化。

在“一带一路”沿线地区，各国面临着共同的气象防灾减灾、应对气候变化等挑战。“一带一路”倡议中提出的共建利益共同体、命运共同体、责任共同体的愿景与世界气象组织促进国际和区域合作、加强气象交流的理念相契合。2017 年 5 月，中国气象局与世界气象组织签署了《关于推进区域气象合作和共建“一带一路”的意向书》，通过加强区域气象交流合作，积极推进“一带一路”建设的气象服务保障工作，开展减轻灾害风险、气候服务、综合观测、研究与能力发展等多领域的合作，提升区域气象灾害监测预测预警和应对气候变化能力。同时，中国气象局开展了《“一带一路”气象服务保障专项设计》工作，从气象观测、气象预报、气象服务三个方面提出总体布局，出台《气象“一带一路”发展规划

(2017—2025年)》，必将推进气象在“一带一路”建设中发挥重要的支撑保障作用。

我们祝愿“一带一路”建设取得成功，并愿意一如既往地奉献我们的智慧和力量！我们希望气象服务能够成为国际合作新平台，增添共同发展新动力！

本书编写组

2017年10月于北京

目　　录

第1章　研究背景

1.1 “一带一路”倡议

2013年9月7日，习近平主席在哈萨克斯坦纳扎尔巴耶夫大学发表演讲时，首次提出与中亚国家共建“丝绸之路经济带”的倡议。10月3日，在印度尼西亚国会演讲时，首次提出与东盟国家共建“21世纪海上丝绸之路”的倡议。12月，在中央经济工作会上，“一带一路(the Belt and Road，英文缩写为B&R)”成为特指“丝绸之路经济带(the Silk Road Economic Belt)”和“21世纪海上丝绸之路(the 21st-Century Maritime Silk Road)”的专有名词，并逐步成为统筹中国全方位对外开放的长远、重大国策。2015年3月，经国务院授权，国家发展和改革委员会、外交部、商务部共同发布了《推动共建丝绸之路经济带和21世纪海上丝绸之路的愿景与行动》(以下简称《愿景与行动》，见附录A)，标志着“一带一路”建设进入全面实施阶段。

1.1.1 基本内涵

“一带一路”并非一个封闭的孤立体系，而是一个开放的合作体系。“一带一路”不是一个实体和机制，而是合作发展的理念和倡议，是依靠中国与有关国家既有的双多边机制，借助既有的、行之有效的区域合作平台，旨在借用古代“丝绸之路”的历史符号，高举和平发展的旗帜，主动地发展与沿线国家的经济合作伙伴关系，共同打造政治互信、经济融合、文化包容的利益共同体、命运共同体和责任共同体。“一带一路”的建设不仅不会与上海合作组织、欧亚经济联盟、中国—东盟(“10+1”)等既有合作机制产生重叠或竞争，还会为这些机制注入新的内涵和活力。“开放包容”“互学互鉴”——这一植根历史、面向未来，立足中国、朝向世界的提法，鲜明体现了“一带一路”总体设计中深厚的情怀。

1.1.2 基本内容

1.1.2.1 共建原则

党的十八大报告提出倡导富强、民主、文明、和谐、美丽，倡导自由、平等、公正、法治，倡导爱国、敬业、诚信、友善等社会主义核心价值观。这些价值观中的民主、文明、自由、平等、公正、法治等也是区域甚至人类的共同价值观。《愿景与行动》中提出的"恪守联合国宪章的宗旨和原则、坚持开放合作、坚持和谐包容、坚持市场运作、坚持互利共赢"亦体现了这一点。

"一带一路"倡议，对于世界最大的魅力，不仅仅在于有多少投资和利润，更重要的是它让平等合作、文化交流、经济繁荣，而非军事霸权，成为未来世界秩序的另一条主轴。"一带一路"所蕴藏的和谐、开放、包容、共赢等文化因子所体现的价值观，是我们倡导的社会主义核心价值观的有机组成部分，具有重大的现实意义。

1.1.2.2 框架思路

"一带一路"包含了和平合作、开放包容、互学互鉴、互利共赢四大理念，它是建立在政治互信、经济融合、文化包容基础上的利益共同体、命运共同体和责任共同体。

构建陆上和海上两大国际大通道。在陆上依托国际大通道，以沿线中心城市为支撑，以重点经贸产业园区为合作平台，共同打造新亚欧大陆桥、中蒙俄、中国—中亚—西亚、中国—中南半岛等国际经济合作走廊。在海上以重点港口为节点，共同建设通畅安全高效的运输大通道。中巴、孟中印缅两个经济走廊与推进"一带一路"建设关联紧密，应进一步推动合作，争取更大进展。

1.1.2.3 合作重点①

政策沟通是"一带一路"建设的重要保障。加强政府间合作，积极构建多层次政府间宏观政策沟通交流机制，深化利益融合，促进政治互信，达成合作新共识。

设施联通是"一带一路"建设的优先领域。在尊重相关国家主权和安全关切的基础上，沿线国家宜加强基础设施建设规划、技术标准体系对接，共同推进国际骨干通道建设，逐步形成连接亚洲各次区域以及亚欧非之间的基础设施网络。

贸易畅通是"一带一路"建设的重点内容。宜着力研究解决投资贸易便利化问

---

① 本节内容参考"中国一带一路网"：www.yidaiyilu.gov.cn

题，消除投资和贸易壁垒，构建区域内和各国良好的营商环境，积极同沿线国家和地区共同商建自由贸易区，激发释放合作潜力，做大做好合作“蛋糕”。

资金融通是“一带一路”建设的重要支撑。深化金融合作，推进亚洲货币稳定体系、投融资体系和信用体系建设。扩大沿线国家双边本币互换、结算的范围和规模。

民心相通是“一带一路”建设的社会根基。传承和弘扬丝绸之路友好合作精神，广泛开展文化交流、学术往来、人才交流合作、媒体合作、青年和妇女交往、志愿者服务等，为深化双多边合作奠定坚实的民意基础。

1.1.3 建设思路

“一带一路”倡议和建设是中国应对世界格局变化、适应发展方式转变而提出的全新国际发展理念，是全方位对外开放的统领性策略，是实现开放发展和合作共赢的主要载体。党的十八大以来提出了“创新、协调、绿色、开放、共享”的五大发展理念，其中的“开放”已经从过去的“引进来”为主转变为“走出去”与“引进来”并进的双向开放，是中国真正在全球范围内思考发展途径、资源配置的整体谋划，体现了新视野和新思路。

在思想上是统一的，坚持各国共商、共建、共享，遵循平等、追求互利，牢牢把握重点方向，聚焦重点地区、重点国家、重点项目，抓住发展这个最大公约数，不仅造福中国人民，更造福沿线各国人民。中国欢迎各方搭乘中国发展的快车、便车，欢迎世界各国和国际组织参与到合作中来。

在推进上是有力的，切实推进规划落实，周密组织，精准发力，研究出台推进“一带一路”建设的具体政策措施，创新运用方式，完善配套服务，重点支持基础设施互联互通、能源资源开发利用、经贸产业合作区建设、产业核心技术研发支撑等战略性优先项目。

在行动上是统筹的，坚持陆海统筹，坚持内外统筹，加强政企统筹，鼓励国内企业到沿线国家投资经营，也欢迎沿线国家企业到中国投资兴业，加强“一带一路”建设同京津冀协同发展、长江经济带发展等国家战略的对接，同西部开发、东北振兴、中部崛起、东部率先发展、沿边开发开放的结合，带动形成全方位开放、东中西部联动发展的局面。

在项目上是精准的，切实推进关键项目落地，以基础设施互联互通、产能合作、经贸产业合作区为抓手，实施好一批示范性项目，多搞一点早期收获，让有关国家不断有实实在在的获得感。切实推进金融创新，创新国际化的融资模式，深化金融领域合作，打造多层次金融平台，建立服务“一带一路”建设长期、稳定、可持续、风险可控的金融保障体系。

1.2 “一带一路”概念与内涵

1.2.1 “丝绸之路”的历史变迁

“丝绸之路”是指起始于古代中国长安，连接亚洲、欧洲和非洲的古代商业贸易路线。广义的“丝绸之路”又分为陆上丝绸之路和海上丝绸之路。陆上丝绸之路以张骞出使西域开辟的线路为基本干道，后来发展为南线、中线、北线三条路线，但实际上，丝绸之路并非是一条“路”，而是一个穿越山川、沙漠、草原、森林且没有标识的道路网络，所有东西方的商品都可以在此进行交换，以丝绸、陶瓷、玉石、香料为主。

汉代开始，陆上丝绸之路逐渐进入繁荣时期。长安与巴格达成为盛唐时代丝绸之路两端最重要的世界性大都市，从大食、波斯经中亚、西域进入中原的陆上通道成为最具活力的国际性贸易走廊。唐代中期以后，由于中国经济重心南移，以及西北陆路长期受阻，海路逐渐兴盛，陆上丝绸之路逐渐衰落。尽管蒙古帝国建立后，从中国一直向西延伸到中亚、西亚乃至欧洲的陆上通道一度复兴，但随着帝国的瓦解而又陷于没落。明永乐朝之后，中国在西北方向采取守势，退入嘉峪关自保，陆上丝绸之路彻底衰落。

丝绸之路是一条友谊、交流和共荣之路，在这条具有历史意义的国际通道上，五彩丝绸、中国瓷器和香料络绎于途，为古代东西方之间经济、文化交流作出了重要贡献。首先，丝绸之路繁荣了中西方的贸易和商业往来，在相互交换的过程中极大地推动了中西方物质的繁荣，推动了财富、资源和人员的流动。其次，丝绸之路促进了沿线各民族之间的稳定，由于各民族之间经贸往来频繁，产生文化交流的同时也使得彼此相互理解，各民族之间没有爆发较大规模的战争冲突，取而代之的是民族之间的融合发展。最后，丝绸之路不仅仅是一条经贸之路，更是一条文化之路，各类文明汇聚此道，以其包容开放的精神，发展了世界文化的多样性，搭建了世界文化沟通交流的平台。

“丝绸之路经济带”和“21世纪海上丝绸之路”都使用了“丝绸之路”这个概念，让“丝绸之路”这个略带历史厚重感的学术名词走到了决策以及舆论的核心。尽管很多人将丝绸之路视为具体的历史现象，如古代贸易线路、历史遗迹、文物等，但“一带一路”使用丝绸之路并非在于这些具象，而是使用了丝绸之路的历史文化内涵，或者称之为“丝绸之路精神”，即和平、友谊、交往、繁荣。这也正是《愿景与行动》中提到的核心理念：和平、发展、合作、共赢。另外，丝绸之路看似一个有关中国的“传说”，但实质上它是欧亚大陆乃至非洲很多国家所共享的一个历史文化遗产。“一带一路”利用“丝绸之路”这个历史文化遗产，为沿线国家的当代经贸合作提供了历史渊源，以及可以借鉴的合作精神和模式。或许可以说，丝绸之路在一定程度上就是古代版的“全球化”，是联结亚洲、非洲和欧洲之间经济、政治、文化的主要途径，已成为中华民族经济文化发展高峰的重要历史符号。

1.2.2　丝绸之路经济带

进入21世纪，在以和平、发展、合作、共赢为主题的新时代，在现代交通、资讯飞速发展和全球化发展背景下，贸易和投资在古丝绸之路上再度活跃，促进丝绸之路沿线区域经贸各领域的发展合作，既是对历史文化的传承，也是对该区域蕴藏的巨大潜力的开发。2013年9月7日，国家主席习近平在哈萨克斯坦纳扎尔巴耶夫大学演讲时提出：为了使欧亚各国经济联系更加紧密、相互合作更加深入、发展空间更加广阔，将用创新的合作模式，共同建设“丝绸之路经济带”，得到了国际社会的高度关注。

1.2.2.1　“丝绸之路经济带”时代背景

“丝绸之路经济带”的构想，旨在促进东西方之间的各种交流活动，从而实现欧亚地区各国的共同发展与繁荣。这对中国具有重大的国内与国际意义，从国际角度看，丝绸之路两端是当今国际经济最活跃的两个主引擎：欧洲联盟与环太平洋经济带。丝绸之路沿线大部分国家处在两个引擎之间的“塌陷地带”，该区域交通不够便利、自然环境较差，经济发展水平与两端的经济圈存在巨大落差，整个区域存在“两边高、中间低”的现象。发展经济与追求美好生活是本地区国家与民众的普遍诉求，丝绸之路沿线国家希望与中国扩展合作领域，在交通、邮电、纺织、食品、制药、化工、农产品加工、消费品生产、机械制造等行业对其进行投资，并在农业、沙漠治理、太阳能、环境保护等方面进行合作，为这块沃土注入“肥料”和“生机”。这些需求与两大经济引擎通联的需求叠加在一起，共同构筑了丝绸之路复兴的国际战略基础。从国内角度看，改革开放以来，中国对外开放取得了举世瞩目的伟大成就，但受地理区位、资源禀赋、发展基础等因素影响，对外开放总体呈现东快西慢、海强陆弱的格局，中国当前的发展需要兼顾地区平衡，并着力开拓新的经济增长点。复兴丝绸之路能带动经济实力较为薄弱的西部地区，有望形成新的开放前沿。

1.2.2.2 “丝绸之路经济带”主要内容

“丝绸之路经济带”建设超越了纯粹的贸易自由化和投资便利化要求，旨在推进综合的发展和交流，主要包括经济领域合作与非经济领域合作的融合以及经济领域内各层面之间的整合，其合作领域涉及政治、经济、文化等各个方面，而其合作重点可以总结为“五通”，即政策沟通、设施联通、贸易畅通、资金融通、民心相通。政策沟通是“五通”的顶层设计，既为“五通”开辟道路，又在政治层面上为“丝绸之路经济带”建设保驾护航；设施联通是“丝绸之路经济带”建设的优先领域；贸易畅通是“丝绸之路经济带”建设的重点内容；资金融通是“丝绸之路经济带”建设的重要支撑；民心相通是“丝绸之路经济带”建设的社会根基。“丝绸之路经济带”建设是沿线各国开放合作的宏大经济愿景，需各国携手努力，朝着互利共赢、共同安全的目标相向而行；要努力实现区域基础设施更加完善，安全高效的交通网络基本形成，互联互通达到新水平；使投资贸易便利化水平进一步提升，高标准自由贸易区网络基本形成，经济联系更加紧密，政治互信更加深入；使人文交流更加广泛深入，不同文明互鉴互融，各国人民相知相交、和平友好。

1.2.2.3 “丝绸之路经济带”建设主要推进策略

推进“丝绸之路经济带”建设，中国将秉承古代丝绸之路精神，恪守联合国宪章的宗旨和原则，遵守和平共处五项原则，通过“共商、共建、共享”实现“丝绸之路经济带”建设愿景，达成命运共同体。“丝绸之路经济带”建设不会替代现有合作机制和倡议，反而会推动沿线国家实现发展战略相互对接与优势互补。“丝绸之路经济带”建设始终秉持和平合作、开放包容、互学互鉴、互利共赢的理念，不是中国一家独奏，而是沿线国家的大合唱。坚持互利共赢，兼顾各方利益和关切，寻求利益契合点和合作的最大公约数，体现各方智慧和创意，各施所长，各尽所能，把各方优势和潜力充分发挥出来。“丝绸之路经济带”的基本推进线路有三条：一是经中亚、俄罗斯至欧洲（波罗的海），二是经中亚、西亚至波斯湾、地中海，三是经东南亚、南亚至印度洋。

1.2.3 21世纪海上丝绸之路

海上丝绸之路自秦汉时期开通以来，一直是沟通东西方经济文化交流的重要桥梁，而东南亚地区自古就是海上丝绸之路的重要枢纽和组成部分。中国着眼于与东盟建立战略伙伴十周年这一新的历史起点，为进一步深化中国与东盟的合作，提出“21世纪海上丝绸之路”的战略构想。同时，“21世纪海上丝绸之路”是中国在世界格局发生复杂变化当前，主动创造合作、和平、和谐的对外合作环境的有力手段，为中国全面深化改革创造良好的机遇和外部环境。

1.2.3.1 “21世纪海上丝绸之路”时代背景

(1)古代背景

丝绸之路从运输方式上，主要分为陆上丝绸之路和海上丝绸之路。海上丝绸之路，是指古代中国与世界其他地区进行经济文化交流交往的海上通道的统称，最早开辟于秦汉时期。从广州、泉州、杭州、扬州等沿海城市出发，往来于南洋和阿拉伯海，甚至远达非洲东海岸。其中，广州从3世纪30年代起已成为海上丝绸之路的主港，唐宋时期成为中国第一大港，明清两代为中国唯一的对外贸易大港，是中国海上丝绸之路历史上最重要的港口，是世界海上交通史上唯一的2 000多年长盛不衰的大港，可以称为“历久不衰的海上丝绸之路东方发祥地”。

相对于1877年德国地理学家李希霍芬对“丝绸之路”的命名来说，“海上丝路”的提法出现较晚，直到1913年才由法国的东方学家埃玛纽埃尔-爱德华·沙畹(Emmanuel-èdouard Chavannes)首次提及。

(2)时代背景

海洋是各国经贸文化交流的天然纽带，共建“21世纪海上丝绸之路”，是全球政治、贸易格局不断变化形势下，中国连接世界的新型贸易之路，其核心价值是通道价值和战略安全。尤其在中国成为世界上第二大经济体，全球政治经济格局合纵连横的背景下，“21世纪海上丝绸之路”的开辟和拓展无疑将大大增强中国的战略安全。“21世纪海上丝绸之路”和“丝绸之路经济带”、上海自贸区、高铁战略等都是基于这个大背景下提出的。

21世纪海上丝绸之路的战略合作伙伴并不仅限于东盟，而是以点带线，以线带面，增进周边国家和地区的交往，串起连通东盟、南亚、西亚、北非、欧洲等各大经济板块的市场链，发展面向南海、太平洋和印度洋的战略合作经济带，以亚欧非经济贸易一体化为发展的长期目标。东盟地处海上丝绸之路的十字路口和必经之地，是21世纪海上丝绸之路战略的首要发展目标。

(3)国际背景

进入21世纪特别是2008年全球金融危机后，中国在全球经济中的作用开始凸显，政治地位明显提升，被看作下一个超级大国。美国在建立“两国集团”(G2)或中美国(Chimerica)的愿望落空后，转而实行“重返亚太”或“转向亚洲”(pivot to Asia)政策，并在2013年调整为“亚太再平衡”。客观地看，再平衡政策是盎格鲁-撒克逊(Anglo-Saxon)的传统地区战略，迥异于冷战时期对苏联的遏制战略。但从安全与经济角度看，中国显然是美国再平衡的主要对象。

(4)国内背景

在经济方面，中国于2008年11月推出的“四万亿计划”负面效果日益凸显：大量产能过剩，银行不良贷款率明显增多，经济结构调整缓慢，外汇储备增势难止。

在政治与安全方面，中日未来几年大幅度改善政治与安全关系的可能性不大，中韩之间提升政治与安全关系的空间也有限，考虑到欧美经济复苏缓慢、市场饱和、贸易保护主义抬头，中国需要培育与开发欧美以外的市场以保持外贸增长、转移过剩产能、减少外汇储备。

在外交与安全方面，需要突破美国的亚太再平衡战略，构筑中国自己的安全空间与机制。

1.2.3.2 “21世纪海上丝绸之路”战略形成过程

2013年10月，习近平主席在印度尼西亚国会的演讲中首次倡议中国与东盟国家，“发展好海洋合作伙伴关系，共同建设‘21世纪海上丝绸之路’”。同样是在2013年10月，中国召开了1949年以来的首次周边外交工作专项会议，在外交战略层面为海上丝绸之路战略进行谋划布局。这次会议指出：“要同有关国家共同努力，加快基础设施互联互通，建设好‘丝绸之路经济带’、‘21世纪海上丝绸之路’。”2013年11月召开的党的十八届三中全会通过了《中共中央关于全面深化改革若干重大问题的决定》，指出：“推进丝绸之路经济带、海上丝绸之路建设，形成全方位开放新格局。”这表明“21世纪海上丝绸之路”战略正式成为国家级重大战略。中国2014年的政府工作报告指出：“抓紧规划建设丝绸之路经济带、21世纪海上丝绸之路。”2015年的政府工作报告则指出：“把‘一带一路’建设与区域开发开放结合起来，加强新亚欧大陆桥、陆海口岸支点建设。”连续两年，中国政府工作报告对海上丝绸之路战略的实施作出部署，这充分表明海上丝绸之路战略进入了实质性的实施阶段。2015年3月28日，国家发展和改革委员会、外交部、商务部联合发布了《推动共建丝绸之路经济带和21世纪海上丝绸之路的愿景与行动》，这是中国政府正式公布关于海上丝绸之路的规划文件，海上丝绸之路战略作为一个系统性的工程进入了实施阶段。

1.2.3.3 "21世纪海上丝绸之路"的定位

2010年，美国开始实施"重返亚太"战略，由于美国在全球政治、经济、军事的影响力，其战略调整带来亚太多国外交战略的深刻调整，引起了一系列连锁反应。同时，国际金融危机深层次的影响也持续显现。为了给中国改革、发展、稳定争取良好的外部条件，中国政府提出与相关国家共商、共建、共享海上丝绸之路的战略符合周边国家的共同利益，是探索国家之间合作治理新模式的一种尝试。

(1)周边安全

随着美国"重返亚太"战略的推进，2011年，美国提出以阿富汗为中心，连接南亚、中亚与西亚的"新丝绸之路"计划，与太平洋岛链战略相结合逐步形成对中国的战略包围圈。日本也大力加强与东盟国家关系特别是军事层面的合作，使得南海地区局势日趋紧张。如果说美国对中国的包围是"盾"，那么，中国领导人提出的"21世纪海上丝绸之路"战略就是"矛"，随着两国战略互动，以达到"以己之矛攻彼之盾"的效果。随着海上丝绸之路战略的实施与推进，可以有效化解美国对中国构筑的战略包围圈，减轻中国周边环境的战略压力。"中国和东盟国家唇齿相依，肩负着共同维护地区和平稳定的责任"，东南亚地区是中国实现"21世纪海上丝绸之路"战略的依托，一个与中国友好互信的东盟，对于为中国深化改革开放创造良好的周边安全环境具有重要意义。

(2)经济安全

2013年，中央经济工作会议指出："建设'21世纪海上丝绸之路'，加强海上通道互联互通建设，拉紧相互利益纽带。"2014年12月召开的中央经济工作会议指出："要重点实施'一带一路'、京津冀协同发展、长江经济带三大战略，争取明年有个良好开局。"连续两年，中央经济工作会议专门对海上丝绸之路战略作出部署，可见海上丝绸之路战略的推进，对协调推动中国经济稳定增长和结构优化具有重要意义。

"21世纪海上丝绸之路"对中国来说具有重大的经济安全利益，中国80%的石油、50%的天然气进口和12.6%的进出口商品要经过这条丝绸之路。海上丝绸之路战略的实施，能加强与东南亚国家全方位的交流，扩大经济合作与经济援助的范围，通过勇于承担国际层面公共治理，增加公共产品的供给，为中国在东南亚树立一个负责任的大国形象，实现中国与东南亚国家的共同发展和繁荣，与海上丝绸之路沿线国家与地区共享中国深化改革开放释放的经济红利，增加彼此之间的战略信任，从而减少甚至消除“中国威胁论”生存的土壤。

（3）发展海洋合作伙伴关系

近代以来，西方海陆大国的历史经验反复昭示：面海而兴、背海而衰，经略海洋是大国崛起的必要条件。中国是海陆复合型的大国，邓小平在20世纪80年代就提出中国要经略海洋，2012年中国已制定了建设海洋强国的宏伟目标。在面对南海问题日益复杂化、东盟化、国际化的今天，必须加强海洋综合管理，有效维护国家海洋权益，有效管控海上纠纷，积极建设与东盟国家海洋合作伙伴关系，寻求海上利益的契合点，增进务实合作，为增进国与国之间政治与军事的互信创造有利条件。

1.3 气象国际合作

1.3.1 气象合作需求与机制

东南亚国家对热带气旋的卫星遥感监测技术需求相对突出，流域洪水、短时临近天气预报技术方面也有较大合作空间。例如，中国气象局于2007年开始通过“风云二号”卫星向印度尼西亚气象部门发送卫星数据；2011年，中国气象局向印度尼西亚气象部门援助了中国气象局卫星广播系统（CMACast），使印度尼西亚气象部门的卫星数据接收频次由原来的一小时一次提高到30分钟一次；中国气象局还通过人员培训等方式，帮助印度尼西亚气象部门提高业务人员分析和处理卫星数据的能力。泰国气象局于2010年由局长带队与中国广东省气象局、中山大学水资源与环境研究中心开展交流活动，学习了广东省气象局QPF（定量降水预报）和QPE（定量降水估测）等技术，深入讨论交流了在定量降水预报、泰国南河流域建立水文预报系统等方面的合作。

南亚气象服务需求主要集中在提高国家基础气象服务能力方面。由于区域内国家基础设施建设落后，旅游等服务业发展空间较大，未来在暴雨、干旱等灾害气象监测预报能力建设、旅游气象服务等方面的合作空间较大。例如，中国气象局自2006年与巴基斯坦气象局签署《气象科技合作谅解备忘录》以来，已在天气与气候、数值天气预报、气象通信、气象研究、教育培训等多个领域展开合作；中国向巴基斯坦赠送安装了 CMACast 接收站和气象信息综合分析处理系统(MICAPS)，并派员进行本地化技术支持工作；巴基斯坦气象局局长古拉姆·拉塞尔(Ghulam Rasul)2015 年 6 月访问中国气象局时，建议中巴双方制定关于在“中巴经济走廊”沿线建设早期预警系统的计划，加强教育培训、气候研究等领域的合作，从而提供更优质的气象服务。

中亚国家气象服务相对落后，在气象基础设施建设、气象基本业务建设方面合作空间较大。例如，中国与哈萨克斯坦签署了《中国气象局与哈萨克斯坦共和国部长会议水文气象总局气象科技合作意向书》，在天气预报、气象信息交换、农业气象、卫星资料接收处理、沙尘暴动力学研究等方面开展了广泛合作。中国气象局也曾派遣技术人员赴哈萨克斯坦国家气象局开展 CMACast 维护和技术培训。

西亚多数国家收入水平高，对气象服务要求也较高。气象服务合作的空间主要集中在技术交流领域，在农业、陆路交通、铁路等专业气象服务方面有较大合作空间。例如，中国气象局曾在 2004 年与伊朗国家气象部门开展交流活动，并签署会谈纪要。土耳其在区域性海洋气象预报模式方面有较为成熟的技术，可以为中国开展近海天气预报提供参考和借鉴。

中东欧国家气象服务能力相对较强，合作空间主要集中在气象服务技术与科研领域。

俄罗斯与中国气象部门有着长期的合作关系，签署了《中俄气象科技合作备忘录》，双方在能源气象服务保障、装备技术、人工影响天气以及北极地区气候变化科学研究等领域的合作有着广阔空间。

1.3.2 海洋气象合作

1.3.2.1 双边科技合作

1997 年以来，中国与印度、越南、马来西亚、印度尼西亚和老挝等国在气象合作协议、双边工作会谈等方面陆续开展合作。2013 年 10 月，与印度尼西亚正式签署了《中国气象局和印度尼西亚气象、气候与地球物理局气象和气候领域合作谅解备忘录》，建立了两国气象部门固定的双边合作机制。2014 年 8 月，与瓦努阿图共和国就拓展双方在应对气候变化、海洋防灾减灾、海洋生态保护以及开展海平面联合观测在内的多领域合作达成共识。中国先后与印度尼西亚、泰国、马来西亚、越南、斯里兰卡等国家签署了海洋领域的合作协议，目前已建立了 30 多个海上合作相关机制，在海洋科研、环境保护、防灾减灾、海洋渔业、航道安全、海上搜救等领域开展了富有成效的合作。中国还积极推进和深化与欧洲国家在海洋领域的合作。2015 年是中国希腊海洋合作年。

1.3.2.2 海洋气象监测合作

为加强区域内相关国家气象观测水平，中国先后向东南亚（如泰国、印度尼西亚、马来西亚、菲律宾、越南、老挝、缅甸、孟加拉、柬埔寨）气象部门赠送 CMACast 和 MICAPS，并开展气象观测设备援建工作，帮助老挝和缅甸完成了自动气象站和 GPS/MET（地基水汽探测）站建设。2012 年 1 月，中国政府颁布了《南海及其周边海洋国际合作框架计划》，倡导建立中国—东盟海洋合作论坛机制，在海洋与气候变化、海洋防灾与减灾、热带海洋生态系统与生物多样性保护、海洋政策等领域取得了一批具有国际影响力的成果。2015 年 11 月，海上丝绸之路沿线 28 个国家共建“海上丝路空间地球大数据联盟”，签署了《关于建立海上丝绸之路对地观测合作网络的意向书》，旨在建设海上丝绸之路沿线国家对地观测能力，利用对地观测数据研究地区可持续发展，培训对地观测领域的青年科研人员，获取、共享、整合、加工与分析对地观测数据，加强对地观测基础设施建设等。

1.3.2.3 海洋气象预警预报

中国为巴基斯坦提供数值预报产品、卫星数据和高影响天气产品、汛期气候预测产品等；为越南提供全球数值预报指导产品；为泰国、马来西亚和柬埔寨等国提供有关定量降水估计和预报、数值天气预报、气候监测预测和气候服务等气象业务培训。2013 年 3 月，与泰国科技部地理空间技术局签订《泰国地球空间信息灾害监测、评估与预测系统合作协议书》。双方将基于地球空间信息技术，为泰国提供灾害监测评估与预测、农作物生长监测与估产等各种服务，特别是海上灾害监测、评估与减损服务。与马来西亚政府达成联合研发风能资源精细评估技术并开展相关业务服务协议，并先期开展沿海地区风能资源测量、数据分析和精细化评估服务。

2014 年 6 月，联合国教科文组织政府间海洋学委员会批准由中国牵头建设南中国海区域海啸预警与减灾系统和南中国海区域海啸预警中心，为南海周边国家提供海啸预警和预报信息，努力承担国际责任和义务。

1.3.2.4 共建研究机构

2014 年，中国科学院与特里布尔大学联合建设中国—尼泊尔地理联合研究中心，联合实施中国科学院重点部署项目“南亚国家资源环境科学数据库建设”和对外合作重点项目“中尼典型山地生态系统遥感监测对比研究”，中国是国际山地中心理事国。中国还积极参与本地区和全球国际组织及有关国际计划，承建亚太经济合作组织（APEC）海洋可持续发展中心、联合国教科文组织政府间海洋学委员会海洋动力学和气候研究与培训区域中心、亚太区域海洋仪器检测评价中心、东亚海洋环境伙伴关系计划区域中心以及国际海洋学院亚太区域中心等合作平台。

1.4　气象服务与“一带一路”研究

1.4.1　研究目的

在“一带一路”沿线国家，暴雨洪涝、台风、高温干旱、低温寒潮等气象灾害多发，面临着共同的气象防灾减灾、应对气候变化等挑战。气象服务有责任为“一带一路”倡议的实施提供强有力的支撑和保障。“一带一路”的实施将有力推动区域内公路、铁路、航空、航海、电力、油气、新能源、矿产、通信、农业、旅游等行业的深度融合和发展，但是也会面临气候变化及气象灾害的严峻威胁。东南亚和南亚国家处于气象灾害高风险区，属于全球极端天气事件影响较重的区域；东亚、东南亚和南亚由于气候变化导致海平面上升，对沿海和海岸带具有很大的负面影响；欧亚大陆腹地暴雪、寒潮天气多发，存在沙漠化进程加快等问题；南部亚热带沙漠和草原气候区，部分地区水土流失严重；中东欧地区冬季多寒潮、暴雪，而夏季经常出现高温热浪天气。

复杂多变的气象条件将直接影响“一带一路”能否顺利实施，这也给气象服务带来了新挑战和新机遇。就中国气象服务而言，服务范围需要扩展到亚非欧大陆及其间广阔的海洋经济区，服务种类需要对接商贸、工程、能源、运输、文化、军事等领域的细分需求，产品内容需要适应行业资源的国际化布局配置而与产业链高度融合，产品展示需要适应多种不同的人文语境和风俗传统，产品投放需要拥有有效应对突发事件的全球快速部署能力。气象服务作为“一带一路”倡议实施不可或缺的重要保障，也将为中国企业的海外发展在重要决策、运行管理、风险管控等方面提供重要的气象信息参考。

2017年5月，中国气象局与世界气象组织签署了《中国气象局与世界气象组织关于推进区域气象合作和共建“一带一路”的意向书》,明确了双方将共同推进“一带一路”区域气象合作的意愿。根据意向书,中国气象局与世界气象组织将通过加强区域气象交流合作,积极推进“一带一路”建设的气象服务保障工作,开展减轻灾害风险、气候服务、综合观测、研究与能力发展等多领域的合作,提升区域气象灾害监测预测预警和应对气候变化能力。

同时,为充分发挥气象在推进“一带一路”建设中的重要支撑保障作用,中国气象局编制了《气象“一带一路”发展规划(2017—2025年)》,立足于气象部门,面向气象行业,在充分吸收“政策沟通、设施联通、贸易畅通、资金融通、民心相通”发展思路的基础上,结合气象特点提出了气象事业在“一带一路”建设中的指导思想、基本原则、发展目标和重要任务,是气象“一带一路”发展的行动纲领和重要依据。

中国气象服务参与“一带一路”的发展,一方面可以利用自身优势为域内经济发展提供防灾减灾保障,另一方面可借助域内的气象服务需求推动中国气象服务的国际化发展。气象服务国际化是中国气象产业发展的必然趋势,积极对接“一带一路”建设,搭乘产业出海发展之船,将有效促进中国气象产业在服务能力、产业融合、国际化水平等方面实力的提升。

1.4.2 研究内容

本书着眼于“一带一路”倡议的整体发展愿景,立足于全球气候变化及中国气象服务能力的现实,以“保障安全、服务民生、着眼大局”为基本原则,重点从“帮助域内国家提升防灾减灾能力、促进域内国家经济绿色发展、保障中国企业‘走出去’”三个方面考虑,为中国气象服务如何有效为“一带一路”倡议的实施提供保障提出政策建议和实践举措,为政府及气象相关的各类企业及社会团体参与“一带一路”倡议提供决策支撑。

本书按照“把握大趋势、瞄准大需求、抓住大市场”的思路,分析了中国开展“一带一路”气象服务的主要优势与劣势,针对每一个服务方向,着重从需求的广度和社会、经济效益考虑,对其发展潜力和前景进行评估,给出客观评级。最终据此明确给出具有较大发展潜力的气象服务领域。

1.4.3 研究方法

做好“一带一路”气象服务的关键是发挥好自身优势、合理规避劣势,从而把握住真正的机会。本书主要依据《愿景与行动》对“一带一路”倡议的愿景描述,从“气象防灾减灾、服务绿色发展和保障国内企业‘走出去’”三个角度出发，结合对“一带一路”各国的政治、经济、气候条件、气象服务水平及对中国气象服务能力的自我诊断，对潜在的气象服务方向进行逐一分析，在“知己知彼”的基础上确定优先发展方向和路线图，为下一步进行产业链整合奠定基础。具体分析路线如下：

①分析域内各国的气候特点、产业结构特点、经济水平、信用评级、与中国的地缘和外交关系等，为分析提供基础信息支撑；

②根据“一带一路”倡议建设重点，从防灾减灾、绿色经济、支撑本国企业“走出去”三个角度，梳理提炼可能的气象服务方向；

③分方向进行潜力评级；

④分方向进行竞争力评级；

⑤根据潜力评级和竞争力评级的结果，确定重点服务方向；

⑥对重点服务方向，逐一提出战略推进路线图，包括阶段任务、能力建设方向、推进方式及国内支撑建议；

⑦基于单一领域的分析结果，提出整体（组合）输出的思路、理念和原则；

⑧“一带一路”气象服务战略提炼。

其中，针对潜力、竞争力以及优先级的评级方法，本书参考标普、穆迪和惠誉等国际三大评级机构对国家主体信用进行评级的方法，通过打分表的形式进行评级。打分表主要由多个评级要素及其相应细化的多个定性和定量指标所组成。评级的流程为：首先，对各评级要素的具体量化指标分别进行分析，以确定各评级要素所能达到的级别；然后，将各评级要素的级别进行加权综合，得到综合级别。因各评级要素在打分表中所占的权重随主体差异而变动，因此，没有在打分表中事先确定各评级要素的权重，而是根据具体情况具体设定。

第2章 “一带一路”沿线国家概况

2.1 天气气候概况

2.1.1 基本气候条件

东南亚，包括中南半岛和马来半岛两部分。中南半岛主要属热带季风气候，终年高温，年平均气温在20℃以上；年降水量在1 000毫米以上，主要降水集中在雨季。马来半岛属热带雨林气候，终年高温多雨，年平均气温为25～28℃，年降水量在2 000毫米以上。印度尼西亚属热带雨林气候，年平均气温为25～27℃，年降水量在2 000毫米以上。菲律宾北部属海洋性热带季风气候，南部属热带雨林气候，年平均气温通常为21～32℃，年降水量在2 500毫米左右。

南亚，大部分地区属热带季风气候，一年分热季、雨季和旱季，全年高温。1月，该地区北部气温为10～20℃，南部超过20℃；7月，大部分地区气温为20～30℃，西北部超过30℃。南亚地区的年降水量区域差异很大，印度半岛西岸、恒河中下游、布拉马普拉特河流域和德干高原东北部等地年降水量在2 000毫米左右，恒河上游及高原中部为500～1 000毫米，印度河中下游及塔尔沙漠年降水量在500毫米以下。

欧亚大陆腹地，属于典型的温带沙漠、草原大陆性气候，年降水量多为100～400毫米，总体呈东部和西部少、中部多的空间分布特征。乌兹别克斯坦和土库曼斯坦年降水量在150毫米以下，是中亚地区降水最少的国家。塔吉克斯坦是中亚最湿润的地区，年降水量在500毫米左右。该地区的平均气温东部和西部高、中部低，在盛夏7月，除山区外平均气温一般为26～32℃，而1月，平均气温可达－20℃。

中东欧地区，处在温带气候带，西部部分地区为温带海洋性气候，东部为温带大陆性气候。中欧地区气温适中，气温变化不大，冬季平均气温在0℃左右，夏季平均气温为20℃；该地区年降水量为500～1 000毫米。东欧距温暖的大西洋较远，全区最冷月气温均在0℃以下，夏季则因地处内陆，北部平原地区不足20℃，南部地区超过20℃；该地区年降水量约为500毫米，且由西向东递减。

各国家和地区气候背景资料详见附录C。

2.1.2 主要气象灾害

东南亚和南亚，主要气象灾害有暴雨洪涝、台风、高温干旱、低温寒潮及气象灾害引发的泥石流等地质灾害，其中影响最大的是台风、暴雨洪涝。2007年，南亚多国洪灾造成至少3 000人死亡，6 000多万人受灾，印度、孟加拉国、尼泊尔和巴基斯坦受灾尤为严重。2010年，巴基斯坦遭受近81年来最严重的暴雨洪涝灾害，近1 800人死亡。2012年，连续4个月洪水使泰国900万人受灾，首都曼谷变水城。2013年，印度北部6 000余人在暴雨接连袭击中死亡失踪，印度西部遭受40年来最严重的干旱。2013年，超强台风“海燕”袭击菲律宾，造成6 000多人死亡。

欧亚大陆腹地，主要气象灾害有暴雨洪涝、高温、暴风雪、低温和严寒。2008年初，暴风雪、严寒、低温、雨雪和冰冻天气席卷欧洲东南部经中亚至中国的多个国家和地区，多个地区遭遇数十年乃至百年不遇的罕见严寒冰冻天气，导致逾千人死亡。2012年初，百年罕见寒流暴雪横扫欧亚，600多人失去生命。

中东欧地区，主要气象灾害有暴雨洪涝、高温热浪、暴风雪和寒流，其中，暴风雪和寒流较其他几种气象灾害发生频率高。2007年夏季，欧洲中部和南部受到严重的高温热浪袭击，最高气温普遍超过40℃，造成近600人死亡。2012年底，欧洲中部和东部出现罕见寒流暴雪天气，部分地区出现百年来最低气温，造成东欧逾650人死亡。2013年，连续暴雨致中欧经历了“世纪洪水”袭击。

2.1.3 气象服务水平

东南亚，各国气象服务水平总体较高。新加坡、印度尼西亚、马来西亚、越南、菲律宾等国有相对完整的气象服务业务体系和服务产品，尤其在热带气旋监测预报、降水、流域水文、水资源监测、农业气象方面服务产品较为出色。印度尼西亚、新加坡环境气象业务产品也比较丰富。

南亚，各国气象服务发展水平不平衡状况突出。印度、巴基斯坦、孟加拉国、斯里兰卡等国建有较为完整的气象服务业务，气象服务产品丰富，但也有一些国家或地区气象服务水平较低，服务产品种类少，形式主要以文字类为主。

中亚，各国气象服务发展不平衡状况也很突出。哈萨克斯坦、乌兹别克斯坦基本建立了较为完整的气象服务业务，哈萨克斯坦国家气象部门基本采取商业气象服务形式，业务产品体系相对完整，服务能力较强。阿富汗气象服务受政治环境影响，主要由国际组织机构援助建设少数气象站，提供温度、气压、降水等较少的要素数据服务。

西亚，各国气象服务水平总体较高。以色列国家气象服务能力、技术水平很高，并向发展中国家提供气象技术培训。伊朗、科威特、阿曼、约旦、亚美尼亚、阿塞拜疆等国均有较为完整的气象服务业务。

中东欧，各国气象服务整体水平也很高，多数国家建立了完整的气象服务业务。许多国家采取“公共服务＋商业化专业服务产品”的方式对外开展针对不同层次需求的气象服务。欧洲极端天气警报系统（Meteoalarm）在区域内多数国家得到应用。这一系统集成了从欧洲国家公共气象服务网站收集到的重要灾害性天气信息，其覆盖范围包括整个欧洲。

独联体国家，各国气象服务机构建有较为完整的气象服务业务，包括常规天气监测预报、水文气象、环境气象、气候数据、农业气象等，气象服务产品丰富。

2.2 社会经济概况

2.2.1 总体概况

“一带一路”覆盖64个国家（中国除外），涵盖东南亚、南亚、中亚、西亚北非、中东欧以及埃及和蒙古等，约占全球陆地面积的1/4。总人口约44亿，GDP约21万亿美元，分别占世界的63％和29％，发展潜力巨大。根据2013年人均国民收入（GNI）统计数据（见附录B），“一带一路”沿线国家中中高收入水平国家有38个（占比59％；其中有12个属于发达经济体），主要集中在中东欧和西亚地区；中等偏下收入水平的国家有23个（占比36％），主要分布在东南亚、南亚和西亚地区；低收入水平的国家有3个（占比5％），分别是柬埔寨、阿富汗和尼泊尔（图2.1）。总体来看，“一带一路”大多数国家生活水平较高，但区域间发展不平衡状况突出。

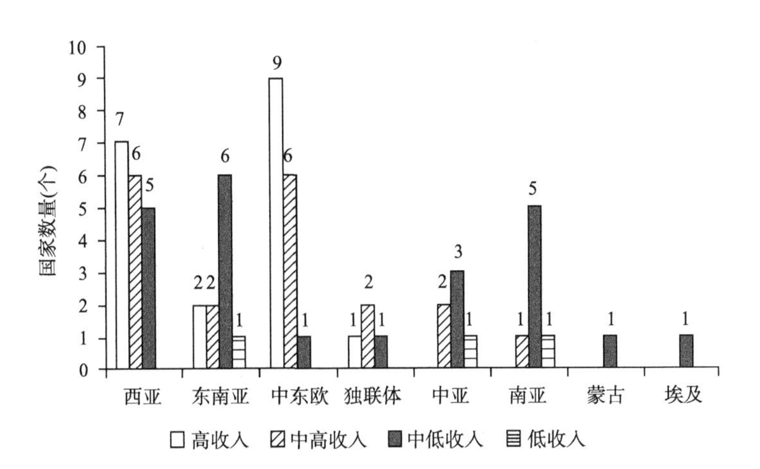

图 2.1 “一带一路”沿线国家人均 GNI 分布

2.2.2 东南亚

东南亚地处亚洲与大洋洲、太平洋与印度洋的“十字路口”，马六甲海峡是这个路口的“咽喉”，战略地位非常重要。东南亚地区共有 11 个国家：越南、老挝、柬埔寨、泰国、缅甸、马来西亚、新加坡、印度尼西亚、文莱、菲律宾、东帝汶，面积约 457 万平方千米。其中，老挝是东南亚唯一的内陆国，越南、老挝、缅甸与中国陆上接壤，仅东帝汶不是东盟成员。

东南亚经济发展水平差别较大，其中新加坡、文莱为发达经济体，印度尼西亚、马来西亚、泰国、越南经济发展水平较高，其他国家经济发展水平相对较低。新加坡经济发达，经济以服务业、航运业、物流业、金融业、科研、旅游业为主。

2.2.3 南亚

南亚位于亚洲南部的喜马拉雅山脉中、西段以南及印度洋之间，东濒孟加拉湾，西滨阿拉伯海。南亚共有 7 个国家，尼泊尔、不丹为内陆国，印度、巴基斯坦、孟加拉为临海国，斯里兰卡、马尔代夫为岛国。

总体上，南亚国家经济发展总体水平较低，基础设施落后。南亚区域内多数国家人均收入处于中低水平。但由于地处印度洋沿线重要区域，航海资源丰富，经济发展潜力较大。同时，南亚各国拥有丰富的自然资源和人力资源，为经济发展提供了良好的条件，是当今世界经济发展最有活力和潜力的地区之一。区域内最大国家印度近年来经济发展速度较快。

2.2.4 中亚

中亚位于亚欧大陆中部，是古丝绸之路核心区域和新亚欧大陆桥必经之地，控制着亚欧大陆的枢纽，交通战略地位非常重要。主要包括哈萨克斯坦、吉尔吉斯斯坦、塔吉克斯坦、乌兹别克斯坦、土库曼斯坦和阿富汗 6 国。

中亚各国经济发展水平差距很大，哈萨克斯坦、土库曼斯坦国民收入水平较高，其他 4 国收入水平很低。由于地处内陆，资源相对单一，中亚国家经济发展基础相对薄弱，对外发展的需求迫切。其经贸特点表现为：对外来经济依赖性很强；对进出口贸易持宽松、鼓励态度；均为原料型出口国；人口增长，市场潜力很大。

2.2.5 西亚

西亚位于亚洲、非洲、欧洲三大洲的交界地带，是“丝绸之路经济带”中道的主要路段，处在联系三大洲、沟通两洋五海的现代陆海空交通枢纽地带，战略地位十分重要。

西亚各国主要以资源为依托发展本国经济，各国经济发展水平有很大差距。大多数属于中高收入国家，2013 年，有 7 个国家人均国民生产总值(GNP)超过2 万美元，居“一带一路”涉及国家数量之首，但受政治局势影响，区域内巴勒斯坦、叙利亚、也门经济发展水平很低。

2.2.6 中东欧

中东欧地区是一个地缘政治概念，泛指欧洲大陆地区受苏联控制的前社会主义国家，冷战时期的东欧国家，再加上波罗的海三国(立陶宛、拉脱维亚、爱沙尼亚)、乌克兰、白俄罗斯、摩尔多瓦等除俄罗斯外苏联的欧洲部分成员国。各国经济发展水平普遍较高，大部分国家属于中高收入国家，社会政治相对稳定，但由于地处欧亚交汇地带，不同政治因素对社会发展的潜在影响也不容忽视。

2.3 国家气象机构概况[①]

2.3.1 蒙古气象和环境监测局

蒙古气象和环境监测局(NAMEME)隶属政府。资金来源为政府全额拨款，并且近几年持续上升，不允许从事商业活动。未来三五年计划提升监测基础设施建设。该局提供公共气象服务、航空气象服务、农业气象服务、水文气象服务、早期预警服务以及气候变化相关业务服务。蒙古气象和环境监测局与中国气象局合作密切，截至 2014 年底，双方已举行了 13 次联合工作组会议。

2.3.2 新加坡气象局

新加坡气象局(MSS)是新加坡国内气象权威机构，隶属国家环境局，目前有 144 名职工。其目标是成为出色的世界级气象中心，为公众提供安全准确的信息，提高公众生活质量。该局内设机构包括：气象服务部、气象系统部、风险和资源部、新加坡气候研究中心(2013 年成立)。机构职能包括：提供全天候天气预报预警服务，为关键部门如民用航空、军事、海事、私人/公共机构和公众提供评估服务；负责气象设备和计算机系统等设施的维护和更新；分析和评估环境对企业、社会及特定群体的风险影响；以南洋地区为重点，进行热带气候和天气研究。

新加坡气象局进行天气预报研究和业务的模式，采用的是 WRF 模式(美国次世代的中尺度天气预报模式)，并根据南洋地区的具体天气情况，对 WRF 模式进行了改进，输入 NCEP(美国国家环境预报中心)全球预报系统的高分辨率数据，进行每天两次预报。其服务包括：天气预报、海洋预报、气候监测、有害性天气预警等，此外还负责航空气象服务、火山预警、地震预报和满足特定用户需求的商业气象服务。

网站地址：http://www.weather.gov.sg/home/

① 缺少摩尔多瓦、巴勒斯坦、黎巴嫩、东帝汶等国家和地区气象机构的相关信息。

2.3.3 文莱气象局

文莱的气象服务始于20世纪50年代末，主要为航空服务。2013年1月16日起正式设立文莱气象局(BDMD)，隶属交通部。该局共63人，其中11人有高等教育学位，人数近几年基本没有变化。目前，该局向政府、非政府机构、公众提供天气、气候、航空、海洋、海啸气象服务。文莱于1984年11月26日加入世界气象组织(WMO)。

网站地址：http://www.bruneiweather.com.bn/

2.3.4 马来西亚气象局

马来西亚气象局(MMD)隶属国家科技和创新部，负责气象、水文、地震、火山等相关领域监测预报、研究和数据提供，其总部位于雪兰莪州必打灵查亚。其目标是到2020年跻身亚洲最好的天气气候与地球物理服务中心之列。

马来西亚气象局实施研究、业务和行政三条线分开的管理模式，下设14个州气象台。

在观测方面，有44个核心气象站、490个辅助气象站(其中自动观测站140个)、8个高空观测站、12个气象雷达站、23个空气污染站、39个气候站、159个雨量站、17个沿海及港口监测站。此外，还有1个卫星地面接收站，同时还有环境研究观测网。

提供的公共气象服务包括：天气预报、海洋预报、气候监测、灾害性天气预警、大气环境监测、火山预警、地震预报、农业气象服务、人工影响天气作业等，此外还负责航空气象服务和满足特定用户需求的商业气象服务。马来西亚通过短信、电视、专用警报系统、地方电台、传真、大众和社会媒体、网站、APP等手段发布预警，有自己的演播室。官网上雷达拼图和每30分钟更新一次的卫星云图，同时可在10分钟之内将地震、海啸信息传播到有关机构和社会公众。

中国气象局和马来西亚气象局于1995年5月在北京签署《中国和马来西亚气象科技合作实施计划》，商定在农业气象在职培训、气象卫星资料处理技术培训、雷达气象培训、气象研究合作计划、人工影响天气在职培训等领域开展合作。2011年，中国气象局向马来西亚气象局赠送CMACast接收站和MICAPS系统。

网站地址：http://www.met.gov.my/

2.3.5 泰国气象局

泰国气象局(TMD)致力于打造国际水准的气象服务。其主要业务范围包括天气气候观测预报、气象灾害预警、气象灾害防御和相关信息知识传播、向企业提供数据服务等。泰国国家气象部门提供一款“Thai Weather Smart Device Applications”的移动应用软件,向用户(主要为旅游者)提供天气预报预警。

泰国气象局气象服务产品相对较少,图形产品内容单调,以文字类资料为主。天气服务产品包括:露点温度、相对湿度、风、云量、能见度、气压、3 小时雨量、日出日落时间、最高最低气温、降雨、7 天天气预测等。气候服务产品主要包括月度、季度、年度预测以及历史数据等。

泰国气象局于 2010 年与中国广东省气象局、中山大学开展交流活动,学习了定量降水预报和定量降水估测技术,深入交流了在定量降水预报、泰国南河流域建立水文预报系统等方面的合作。

网站地址:https://www.tmd.go.th/en/index.php

2.3.6 印度尼西亚气象气候与地球物理局

印度尼西亚气象气候与地球物理局(MGA)是印度尼西亚非部门性政府直属机构,主要业务范围包括天气气候观测预报、空气质量、地震、自然灾害的监测预报以及数据和信息服务。

印度尼西亚气象服务比较成熟,图形产品丰富,天气、气候、大气成分等监测预测服务产品体系健全。官方网站提供气象数据信息服务,可以通过站点和日期信息查询每天的天气监测数据。预警置于网站显著位置,以红色文本框不断闪烁方式提醒关注,内容包括发生时间、强度和影响区域等信息。其天气监测预报服务产品包括:世界天气预报、印度尼西亚天气预报、三天天气展望、每周天气展望、卫星影像、雷达图像、机场当前天气报告、机场天气预报、航船天气预报、浪高预测、航行沿线水域区域天气预测、风预报、洪水预测、森林火灾监测预测、热带气旋监测预测等。气候预测产品包括:每月降雨预报、季度预测、晴天区域信息、地下水平衡、大气动力学分析、潜在洪水预测、极端气候事件分析、降水指数、海面温度资料、厄尔尼诺现象信息、太平洋次表层海温信息、气候变化相关信息等。大气成分监测产品包括:二氧化硫、二氧化氮、臭氧、温室气体、雨水化学成分信息、PM_{10} 颗粒物等信息。

2011 年，中国气象局向印度尼西亚气象部门援助了 CMACast 接收站，这一系统使印度尼西亚气象部门的卫星数据接收频次由原来的一小时一次提高到 30 分钟一次。

网站地址：http://www.bmkg.go.id/

2.3.7 菲律宾大气、地球物理和天文管理局

菲律宾大气、地球物理和天文管理局(PAGASA)隶属科技部，职责是防御自然灾害，应用科学知识确保人民群众安全、健康，推动国家进步。菲律宾最早开始天气观测是 1865 年，始于耶稣会活动，当时被称为“市立天文台”。1884 年，西班牙国王颁布法令，转为政府负责，改名“马尼拉气象台”。美国统治时期，依照菲律宾委员会 131 号法令，于 1901 年更名为“天气局”。最终于 1972 年依据第 78 号总统令，菲律宾大气、地球物理和天文管理局正式成立。此后，其服务范围由天气预报拓展到其他相关领域，到 20 世纪 70 年代中期，洪水预报和台风评判成为其主要职能的一部分。1984 年起，隶属科技部。

总部设有行政处、财务规划和管理处、工程及技术服务处、天气处、气候和农业气象处、水文气象处、研究发展和培训处。主要职责包括：维护天气气候观测预报网；为了农业、商业和工业利益，观测、收集、评估和处理相关数据；参与地球物理和天文现象研究；开展台风结构、发展和运动的研究，形成评判方法；与国内外科学机构保持有效合作，促进大气和天文研究的科研合作。

当前从事的业务主要是观测和通信、气象预报和服务。据了解，2012 年起，通过菲律宾的 Noah 项目建成多普勒雷达，数据开始用于预警；另外，该局拥有 CMACast、日本新一代多功能卫星(MTSAT)、美国国家海洋和大气管理局(NOAA)和中分辨率成像光谱仪(MODIS)卫星的地面接收系统；主要使用其他国家开发的模式产品，如日本气象厅区域专业气象中心(RSMC)的全球谱模式(GSM)、NOAA 的海军全球环境模式(NAVGEM)等。

中国气象局与菲律宾大气、地球物理和天文管理局目前尚未建立固定的双边合作机制，但近年来开展过人员互访与技术交流。中国气象局曾多次派卫星和雷达资料分析专家赴菲律宾提供培训援助。2011 年，中国向其赠送 CMACast 接收站和 MICAPS 系统。

网站地址：http://www1.pagasa.dost.gov.ph/

2.3.8 越南国家水文气象局

1945 年,越南民主共和国临时政府建立之初,胡志明主席签署决议要求设立气象局。1955 年 9 月,越南政府颁布 588/TTG 号法令,将气象局由通信与公共工程部的下设机构改为政府直属机构。一年后,气象局更名为水文气象局。1958 年 12 月,其水文业务移交至水利部负责。1976 年,水利部下设的水文部门与气象局合作,正式组建政府直属机构——国家水文气象总局(HMS)。2002 年 8 月,越南政府将国家水文气象总局、国家地震总局、国家环保局、国家地质矿产局合并组建为国家自然资源与环境监测部。2003 年初,撤销国家水文气象总局,成立国家水文气象局(NHMS),为国家自然资源与环境监测部的直属事业单位。

越南国家水文气象局负责管理全国水文气象探测、预报和环境监测等业务工作,其主要任务是协助国家自然资源与环境监测部管理、改进和发展国家气象水文网络(包括基础调查、预报、气象与水文数据管理);监测空气及水环境,及时防范自然灾害,为社会经济的发展和国家安全与国防提供支持。

其总部位于河内,共管辖 7 个直属业务单位(国家水文气象预报中心、国家水文气象和环境站网管理中心、国家水文气象资料中心、项目管理办公室、航空气象台、水文气象技术应用中心和水文气象调查队),以及 9 个区域水文气象中心(RHMCs),区域水文气象中心管辖 54 个省水文气象预报中心(PHMCs)和数百个观测站。

越南国家水文气象局的经费来源主要是国家财政拨款。未实行双重计划财务体制,地方政府对当地水文气象部门投入很少,只有少数水文气象单位得到当地政府的少量经费支持。近几年来,越南水文气象部门也在逐步开展有偿服务,但总体规模小、收费少。

越南国家水文气象局现有地面气象站 174 个、6 个自动探空站、7 个雷达站,能接收中国和美国卫星数据,有农业、水文、空气质量、臭氧、盐度等监测站。其业务预报由越南国家水文气象预报中心(NCHMF)开展。NCHMF 成立了通信部门,负责联系媒体,向媒体提供最新的天气和气候信息。针对灾害性天气事件,NCHMF 将预报和预警报送给越南国家政府相关部门,如洪水和风暴控制中心、国家搜救委员会等,并通过媒体向公众发布。同时,NCHMF 向区域和省级水文气象中心发布公报和预警,通过其向政府报送,并通过媒体向地方民众发布预报预警。

2011 年,中国气象局向越南国家水文气象局赠送了 CMACast 接收站和 MI-

CAPS系统。

网站地址:http://www.nchmf.gov.vn/

2.3.9 老挝气象水文局

老挝于1955年6月1日加入WMO。老挝气象水文局(DMH)最初创立时隶属交通和公共工作部。1976年转至农业和林业部,同时增加水文工作管理职能,1997年,增加地震预报职责。2007年7月,该国政府进行环境、水资源、气候变化和天气机构改革时,将其转至自然资源和环境管理部管辖,隶属总理办公室。老挝气象水文局总部有6个部门、17个省级水文气象站。

老挝气象水文局拥有49个人工气象站和1个自动气象站。49个站中有10个同时提供航空服务,位于机场。全国有113个水文站,132个雨量站,其中12个水文站实现了资料自动获取并通过GPRS(通用分组无线服务技术)传输。目前,该国尚没有探空站和测风气球观测。在天气雷达方面,有1部位于万象总部的C波段多普勒天气雷达。在老挝,广播在通知天气、洪水预报和预警上仍然是最有效的工具,因为电视和网络服务没有覆盖到全国。当前,老挝气象水文局通过全国广播每日公布两次天气信息,通过FTP(文件传输协议)和邮件向国家电视台及报纸传输每日天气预报和预警。

2012年12月28日,老挝CMACast接收站发生故障,经中国气象局国际合作司协调,华云集团星地通公司派出专家远程指导,成功解决故障,设备于2013年1月18日恢复正常运行。

网站地址:http://dmhlao.etllao.com/

2.3.10 缅甸气象水文局

缅甸于1949年加入WMO。缅甸气象水文局(DMH)原名独立缅甸气象局,成立于1937年,1972年重组,1974年起隶属缅甸交通运输部管辖。

缅甸气象水文局负责全国气象、水文业务。2005年,其总部所在地迁往内比都后,主要气象业务机构仍保留在仰光原址,组织机构调整为上缅甸、下缅甸区域和总部三个主要机构,总部下设气象处、水文处、地震处、农业气象处、航空气象处、装备与通信处。其中气象处包括:天气预报科、记录科、图书馆、中长期预报科、气候及气候研究科。缅甸有7个省和7个邦,每个省(邦)均有一个省/邦级气象水文局。

缅甸全国约有地面气象观测站 104 个、5 个地面气候站、44 个自动气象站、6 个航空气象站、17 个农业气象站、1 个高空站、30 个水文站、3 个潮汐站、3 部雷达（日本国际协力机构提供）。其提供的服务为：天气预报、航空天气服务、农业气象服务、水文预警服务、气候监测服务和灾害天气预警服务等，目前尚未开展商业气象服务。

2014 年，由中国云南省气象局大气探测技术保障中心承担的中国援建缅甸气象观测站建设项目通过验收。该项目完成了仰光、曼德勒、莫宁、稍埠、昔卜 5 个自动气象站和仰光、曼德勒 2 个 GPS/MET 水汽站的建设。2015 年 1 月，中国气象局国家气象中心和国家气象信息中心组成技术团队赴缅甸进行 CMACast 集成系统巡检维护及培训，为缅甸 CMACast 接收站的运行和应用提供了全面技术支持。2014 年，中国气象局向缅甸援助 1 套气象演播室。

网站地址：http://www.dmh.gov.mm/

2.3.11 柬埔寨气象局

柬埔寨气象局(DoM)隶属该国水资源和气象部。柬埔寨于 1955 年 11 月 8 日加入 WMO。该部于 1999 年在柬埔寨第二届皇家政府执政期间设立，包含 10 个局和 1 个技术中心。柬埔寨最早的气象观测可以追溯到 1894 年，但是全国性的气象观测和服务直到 1954 年柬埔寨从法国统治独立后，才逐步建立。1964 年，该国拥有了包括 10 个气象站和 100 多个雨量站的观测网，国家预报中心在金边国际机场建立。但后来由于该国政变导致荒废，整个气象网瘫痪。这种状况直到 1996 年国家气象部门成立才开始改善。

柬埔寨气象局的观测网较为简陋，仅有 21 个地面水文气象站、12 个自动站、200 个雨量站。这些站大部分仪器陈旧，很难正常工作。截至 2015 年，该局以发布短期天气预报(3 天)为主，预报采用法国的 Arpege 0.5 模式，并通过 WMO 全球和区域中心获取各种数值模式产品为其所用，在 WMO 帮助下，拥有欧洲中期天气预报中心-集合预报系统(ECMWF-EPS)的 ID 号和密码，保证了其开展业务所需的预报产品供给。近年来，柬埔寨气象局预报员在业务中更多地参考来自日本气象厅(JMA)、韩国气象局(KMA)和中国气象局(CMA)的全球模式产品，以及来自越南的区域模式产品。

柬埔寨气象局具有发布暴雨、强风暴和强风预警的能力，当台风临近时发布其路径信息。柬埔寨气象局发布的预警信息能够及时送往相关机构及媒体，包括国家灾害和管理委员会、红十字会。

2007 年，中国气象局向柬埔寨气象局捐赠 FENGYUNCast 用户接收系统。2010 年 6 月，柬埔寨决定启动气象现代化建设，选择法国气象部门为其建设多普勒天气雷达站。

网站地址：http://www.cambodiameteo.com/

2.3.12 马尔代夫气象局

马尔代夫气象局(MMS)建立于 20 世纪 40 年代初，经过多次改组后，现隶属环境和能源部，负责马尔代夫气象和地震相关事宜，并依据国际民航组织及马尔代夫民航当局规章制度提供国际航空气象服务。总部位于瑚湖尔岛易卜拉欣·纳西尔国际机场，另在全国有 4 个办公室。专业工作语言为英语，行政用当地语言。

马尔代夫气象局还承办亚非区域综合多灾种早期预警系统(RIMES)秘书处。组织机构有行政、气候服务、天气服务 3 个部门，业务服务、工程和信息通信科技支持、气象培训、公共天气服务、观测 5 个处。

在观测业务方面，有人工观测站 5 个，自动天气站(维萨拉公司产)20 个。2016 年，有 6 个航空气象站(AWS)因维护问题不在使用。测量气压、气温、露点温度、湿度、降雨量、风速和风向。该局有 5 个全球大气监测站(GAW)、7 个雨量站、3 台测潮计，但没有对观测仪器开展定期维护和标定。在气象卫星方面，安装了 CMACast 集成系统，只接收静止气象卫星图像，未接收极轨卫星图像。此外有高空观测 1 处，多普勒天气雷达 1 个，气候观象台 1 处。

在预报业务方面，基于 MICAPS 产品、数值预报产品、卫星影像、当地气象观测、常规航空天气报告、高空观测及 AWS 观测给出预报，用户为航空、海事和公众。预报时主要参考印度气象局网站和欧洲中期天气预报中心(ECMWF)网站的产品，也访问 WRF 模式的产品等进行参考。通过多普勒雷达进行短临预报和监测。运行自己的数值预报模式，没有短临预报系统。现有的气象卫星数据处理系统可进行云图的显示和存储。此外，该局提供降雨、季节预报、强风、干旱和厄尔尼诺信息，但自己没有进行气候分析。

在气象服务方面，进行预警发布，天气及地震、海啸咨询或预警，通过热线提供给国家灾害管理中心、马尔代夫警察局、马尔代夫国防部、广播及电视媒体。也通过手机短信发布给 89 个灾害相关联络点。

2012 年 10 月，中国气象局捐赠的 CMACast 接收站落户马尔代夫。中国气象局派出的技术人员为当地技术人员进行技术培训，并与马尔代夫气象局共同验收、正式交接CMACast接收站。

网站地址：http://www.meteorology.gov.mv/

2.3.13 斯里兰卡气象局

斯里兰卡气象局(DM)隶属灾害管理部，成立于1948年10月1日，其气象观测历史可以追溯到1850年左右。1866—1883年，弗莱尔上校担任斯里兰卡测绘局长期间，组织相关人员开展系统气象观测，并在全岛范围内建立了气象观测站。在弗莱尔退休时，斯里兰卡除了拥有超过50个雨量观测站外，还拥有可记录降雨、气温、风速和云量的14个主要气象观测站。1907年，随着科伦坡观测站成立，斯里兰卡的气象工作更加科学化。20世纪40年代以来，政府发起大规模发展计划，使得观测站不断发展壮大，科技人员的数量也大幅增加。为了更有效地为用户提供气象服务，1948年10月1日，气象部门正式成为政府部门。其总部由观测网络和仪器处、数据处理和归档处、预报与决策支持处、研发处和人力资源处5个部门组成。其履行的职责包括：向公众以及农业、能源、渔业、航运、保险等有关部门提供气象和气候服务；提供气旋、暴雨、雷电、大风、海啸等灾害性天气预警；提供航空气象服务；维护气候数据库；为国家研发计划提供天气和气候服务及数据；推动相关学科领域的研究进步；组织和推动天气、气候和气候变化专题领域的公众教育；向公众、管理者和决策者提供相关教育和培训；提供特殊天气气候服务；提供天文学及地磁相关服务。

斯里兰卡开展的气象预报业务包括：实时监测、临近预报(0～2小时)、短期天气预报(1～3天)、天气预报和恶劣天气警告发布以及其他特别预报和中期天气预报。服务业务包括：公共天气预报服务(每天3次)、渔业和航运气象预报服务(每天2次)、航空气象服务(包括终端机场天气预报、重要天气图分析、航路重要气象情报和低空重要气象情报)、气候服务、农业气象服务。由于缺乏交通气象服务的基础设施，目前尚未开展相关服务，此外，也无法提供干旱预报服务。发布预报和预警服务的渠道主要为媒体，尚未配备统一的气象信息发布和管理软件系统。

网站地址：http://www.meteo.gov.lk/

2.3.14 不丹王国水文气象服务部

不丹王国水文气象服务部(DHMS)是天气、气候和水资源管理部门，隶属经济部，下设计划管理部、水文部、气象部、冰川部 4 个部门。其目标是维护和运行功能性水文气象网络，为满足国家、地区和国际要求，提供标准产品和服务。部门的职责主要是制定和规划自然资源政策，有效管理国内农业、商业、工业、娱乐和生态用水，负责规划、开发和运营水电基础设施，提供降低灾害风险的气象、洪水预报和预警等服务，负责协调并开展水文、气象、气候、水资源、雪、冰川、气候变化等相关研究。

从服务现状来看，该部主要通过官方网站提供主要城市未来 3 天天气现象、最高最低气温预报，当遇有强降雨等灾害天气时，会通过网站专区发布天气新闻稿，提醒公众防范恶劣天气。总体来说不丹的气象服务形式和内容较为简单。

网站地址：http://www.hydromet.gov.bt/

2.3.15 印度气象局

印度气象局(IMD)作为政府部门，主要业务范围包括气象、地震等事务。印度气象局是发展中国家中第一个拥有自己的地球同步卫星系统(INSAT)并应用于气象监测预警的国家。印度气象局组织机构健全，按地域分为 6 个区域气象中心，按业务分为气象中心、预测部、农业气象中心、洪水气象部、热带气旋预警中心以及区域热带气旋预警中心等。

印度气象局积极参与南极考察等国际性研究探索工作，与美国、俄罗斯、英国、尼泊尔、不丹、斯里兰卡、马尔代夫、印度尼西亚、阿曼等国家或地区建立了合作关系，并向尼泊尔、马尔代夫、斯里兰卡、孟加拉国输出气象技术与服务，是 WMO 认可的区域气象培训中心。

印度气象局气象服务产品涉及面广，服务领域包括农业、民航、气候、水文及洪水、环境、电信、天文、卫星、地震等。印度农业气象服务主要产品是“国家农业气象服务咨询公报”，内容包括天气回顾、五天预报、天气展望、重点提示、详细的区域农业气象服务建议等。这一产品突出的特点是服务建议较为专业，实用性、可操作性强。其内容甚至包括不同作物使用不同种类的种苗、喷洒何种浓度的化学肥料、预防作物病害预防用药及其浓度等。

印度气象局通过 18 个机场气象办公室(AMO)和国内外 54 个航空气象站(AMS)提供航空气象服务。位于新德里的热带气旋咨询中心使用对地静止和极轨卫星资料、雷达资料等气象信息，监测其责任区域热带气旋的发展，并提供印度和周边国家热带气旋气象监测站的信息。印度民航气象服务产品包括：当前天气实况、机场天气预报、当地天气预报、路线天气预测、起飞和着陆天气预测、机场天气警报、轻型飞机天气警报、风切变警报、坪上气候、高空风和温度的气候资料等。印度水文气象服务主要提供给印度中央水务委员会、农业部、水利部、铁道部，部分企业、防汛机构以及国家政府使用。通过降水量监测预报、区域水平衡测算、冰川遥感监测等技术为城市防洪、铁路和公路桥梁建设、流域监测、水坝等水利工程提供服务。

网站地址：http://www.imd.gov.in/

2.3.16 巴基斯坦气象局

巴基斯坦气象局(PMDMM)是政府航空部门的组成部分，下设3个区域中心，8个业务中心，分别是国家干旱监测中心、国家地震监测和海啸预警中心、地球物理中心、计算机数据处理中心、国家农业气象中心、国家气象预报中心、热带气旋警告中心、洪水预警中心，以及气象与地球物理研究所等机构。巴基斯坦气象局现有地面观测站点约100个，主要是人工观测站，自动观测站约20个。

主要向社会提供包括航空气象服务在内的可再生能源资源评估、农业气象、干旱监测、水文、天文学和天体物理学、地震学以及地磁领域的服务和研究。同时，还承担气候变化及其影响评估和适应战略领域的研究与服务任务。该局提供的气象服务主要包括：数据服务，如地面气象、地震、天文、太阳辐射、臭氧、磁场、空气污染数据服务，以及航空预报和民航预警服务、洪水预报和预警服务、地震信息服务、工程服务、农业天气公报、预警服务、各个领域的公用事业和咨询服务、军事服务、海洋气象预报和预警服务、空气污染监测服务等。

中国气象局与巴基斯坦气象局有着良好的合作关系。自2006年双方签署《气象科技合作谅解备忘录》以来，已在天气与气候、数值天气预报、气象通信、气象研究、教育培训等多个领域展开合作。中国向巴基斯坦赠送安装了CMACast接收站和MICAPS系统，并派员进行本地化技术支持。巴基斯坦气象局局长古拉姆·拉塞尔(Ghulam Rasul)在2015年6月对中国气象局的访问中建议中巴双方能制定关于在“中巴经济走廊”沿线建设早期预警系统的计划，加强教育培训、气候研究等领域的合作，从而提供更优质的气象服务。

网站地址：http://www.pmd.gov.pk/

2.3.17 孟加拉气象局

孟加拉气象局(BMD)隶属国防部。1867年，英国殖民统治期间，孟加拉国西南部建立了第一个气象观测站，是印度气象局的一部分。1947 年，更名为巴基斯坦气象局。1971 年，孟加拉国独立后，成立了现在的孟加拉气象局。

孟加拉气象局负责监测和发布极端天气气候事件预警，以及全天候的日常预报预警；为农业生产发布短期、中期和长期预测；为洪水预报预警中心提供降水资料、雷达和卫星图像资料；向政府和公众发布地震和海啸预警等。

孟加拉气象局主要有气候部、气象培训研究所、行政部、农业气象部、实验室、风暴预警中心（位于首都达卡）以及气象和地球物理中心（位于吉大港）。

目前，孟加拉气象局有 47 个区域基本气象观测站网地面站；有 10 个全球气候观测系统（GCOS）地面站。计划未来将自动气象站数量增加至 400 个。该局有 10 个区域基本综合网（RBSN）高空站，有 4 个 GCOS 高空站。雷达网覆盖了孟加拉国及其周边地区，共有 5 部雷达，均由日本国际协力机构资助。该局通过 CMACast 接收站获取气象卫星数据，目前能够接收地球静止气象卫星的高分辨率图像，但不能接收极轨气象卫星的高分辨率图像。另外还有 10 个区域基本气候网（RBCN）观测站。

孟加拉气象局运行数值天气预报，并从世界主要气象中心获取相关产品。预报和服务分为国家、区域和地方 3 个层面，均使用相同的数据和业务系统。国家和区域层面负责实时观测、临近预报（0～2 小时）、短期天气预报（1～3 天）和极端天气预警，地方层面负责实时观测。此外，还提供每周农业气象预报、每月和每三个月的预报（每月更新）。该局还负责极端天气预警和指导，包括热带气旋及相关风暴潮、风涌水/涌潮、季风涌、季风低压、暴雨、海湾和海岸极端对流、雷暴、寒潮和热浪、雾、航空预报、海上航行预报和河流运动预报，并为客户提供特殊项目预报。

网站地址：http://www.bmd.gov.bd/? /home/

2.3.18 尼泊尔水文气象局

尼泊尔水文气象局（DHM）建立于 1962 年，最初隶属电力部，随后转归灌溉部，现隶属环保部，共有 238 名员工，气象学专业占 50%，电子信息专业占 5%，其他科学工程类专业占 30%，其他专业占 15%。首都加德满都总局下设 3 个流域办公室，分别是尼泊尔干吉的尔纳利河流域办公室、Narayani 流域办公室和 Kosi 流域办公室。远西和中西部地区的气象活动由苏尔凯德区域办公室负责，其他西部发展区及东部发展区的气象活动分别由博卡拉和达朗区域办公室管理。

尼泊尔政府委托该局管理所参与水文及气象相关活动。其工作范围包括对河流水文、气候、农业、沉淀物、空气质量、湖沼、积雪水文、冰川、风能和太阳能的观测。该局还提供通用及航空天气预报作为常规服务。

在气象观测方面,该局有 51 个水文站、282 个气象站、15 个 RBSN 地面站、90 个 RBCN 站。其中,20 个自动气象站,人工观测网包括 400 多个雨量站、92 个气候站、21 个农业气象站、9 个综合观测站和 7 个航空气象站。该局利用中国的 CMA-Cast 接收站以及网络访问气象卫星数据,已安装了日本葵花卫星广播系统(HimawariCast)接收站和卫星应用系统。业务地面站可接收来自地球同步气象卫星的高分辨率图像。

网站地址:http://www.dhm.gov.np/

2.3.19 哈萨克斯坦国家水文气象局

哈萨克斯坦国家水文气象局(MERK)属于国有企业,主要开展水文和大气的监测预报和预警服务。常规免费服务主要是一些基本的天气实况和预测,其他服务均需通过商业途径获取。

从官方提供的经营性气象服务产品目录看,哈萨克斯坦国家水文气象局提供的气象服务产品丰富,主要分为监测类产品和预报类产品。

监测类产品包括:雷电、温湿度、风向风速、气压、土壤表层及地下温度、云量及形态、降水及其概率、积雪、结冰、雾凇、土壤冻结深度、霜冻开始和结束时间、水温、结冰厚度、海浪、水盐度、农作物相关气象条件、农业生产和保险公司所需的恶劣天气现象查询、各类要素的数据服务、环境污染、城市大气污染状况、环境放射性污染水平、水质、土壤质量等。

预报类产品包括:周预报、月预报、季度预报、火灾风险预测、城市空气污染气象条件预测、泥石流每日报告、每日滑雪报告、流域预期的水平衡信息、巴尔喀什湖河流的月度和年度流失预测、里海海平面波动(北部和平均里海)预测,以及农业气象预报,包括土壤水分、播种的最佳条件预测,粮食作物成熟及收割预测,农业气象十年报告等。

中国气象局与哈萨克斯坦国家气象部门合作基础较好,两国签署了《中国气象局与哈萨克斯坦共和国部长会议水文气象总局气象科技合作意向书》,在天气预报、气象信息交换、农业气象、卫星资料接收处理、沙尘暴动力学研究等方面开展了广泛合作。中国气象局曾派遣技术人员赴哈萨克斯坦国家水文气象局开展 CMA-Cast 集成系统的维护和技术培训。

网站地址:http://www.kazhydromet.kz/en/

2.3.20 土库曼斯坦水文气象委员会

土库曼斯坦水文气象委员会(AH)是国家气象机关，隶属政府内阁，该国境内首次正式的农业气象观测始于1919年。1926年，水文气象局开始定期总结农业气象观测资料。当时农业气象观测主要服务于棉花育种。目前，该委员会主要职责是向国家部委、机关、社会团体提供水文气象信息以及太阳活动信息；制作天气、水文预报以及主要农作物生长环境和产量预报；开展自然科学实用性研究工作，并引进先进的科学技术。该委员会根据签署的国际合作协议开展科技合作，例如，交换水文气象信息，在新科技成果的基础上保障水文气象观测系统的良好发展和正常运行；对大气、电离层、地表水(水体)、农作物、牧场状况进行监测。向国家部委、机关、社会团体及大众发布气象信息，确定和审批提供既定水文气象服务的价目表；管理水文气象数据库；编制和出版"实用农业气象手册"及"年鉴"；确保水文气象测量结果的统一性和可比性，开展水文气象标准化建设，保障气象条例和标准的落实，对测量设备进行计量监控；管理水文气象观测点、观测数据的记录和保存，负责监督有关水文气象观测操作规定的执行情况；与各部委、机关签订双边协议，共同解决水文气象监测方面的问题。

2.3.21 乌兹别克斯坦水文气象中心

乌兹别克斯坦水文气象中心(Uzhydromet)，隶属该国紧急情况部，是专门解决水文气象问题的国家机关。该中心于1992年加入WMO。1967年，首都塔什干成为29个区域气象中心之一，负责收集中亚、中东和亚洲部分地区的气象信息，发布天气预报和预报图表。

乌兹别克斯坦水文气象中心包括400多个环境观测站。1921年以来，在国境内开展气象、水文和农业气象观测；1972年以来，开展水体、空气和土壤条件生态学观测。

乌兹别克斯坦水文气象中心的目标是发展和完善国家水文气象观测系统；向国家行政机关、经济部门、人口和武装部队提供水文气象资料；建立和保持国家水文气象、环境污染、地表水等数据资料；开展空气、土壤、地表水系统观测以及预报预警灾害性水文气象现象；开展短期和长期天气预报、河流洪水、气候变化等科研活动。

其机构包含农业和水文气象观测方法服务部、水务署和气象测量管理部、大气地表水和土壤污染监测服务部、航空气象服务部、水文气象服务部、地面网络电力与工程服务部以及13个水文气象管理局。下属单位有METEOINFOSISTEM信息技术管理局、水文气象研究所(NIGMI)、塔什干水文气象专业学院、Hydromet-pribor生产企业。

中国气象局曾为乌兹别克斯坦水文气象中心援建PCVSAT、FENGYUNCast接收站。2011年,向乌兹别克斯坦水文气象中心赠送CMACast接收站和MI-CAPS系统。

网站地址:http://www.meteo.uz/#/uz

2.3.22 塔吉克斯坦水文气象局

塔吉克斯坦水文气象局(SAH)始建于1933年,当时是苏联塔吉克共和国水文气象局,现隶属农业及环境保护部,有780名员工。该局成立后,开始在塔吉克境内建立水文气象站。20世纪80年代,水文气象站点数量有了大幅提高,并开始24小时制的天气观测。苏联解体后,塔吉克斯坦水文气象局的发展严重受阻,在自动化和现代化方面甚至出现倒退,观测网数量减少,信息报送水平下降,观测工作几乎没有开展。1993年加入WMO。2000年后开始了新的发展。2006年9月7日,塔吉克斯坦政府通过《关于2007—2016年恢复塔吉克斯坦共和国水文气象站的决议》。塔吉克斯坦水文气象局允许从事商业活动。

塔吉克斯坦水文气象局职责包括发布天气预报,并对极端危险的冰川水文现象进行监测,预测不同高度的积雪厚度、湖泊险情、泥石流、雪崩以及其他自然灾害。研究并预测水体的水文动态,包括河流流域水储备量、在生长季节预计可用水量、发布水文灾害预警信息。对大气、地表水以及辐射情况进行监测,发布自然环境及土壤污染信息。积极参与应对气候变化等活动。从官方网站提供的气象服务产品可见其可视化程度低、精细化程度低、服务能力较弱。

网站地址:http://www.meteo.tj/

2.3.23 吉尔吉斯斯坦水文气象局

吉尔吉斯斯坦水文气象局(AH)隶属紧急情况部,成立于1926年8月26日。2006年6月8日,颁布了《吉尔吉斯斯坦共和国水文气象法》,约束气象局的活动范围;2012年6月2日,政府第358号令确立了吉尔吉斯斯坦水文气象局的行政地位。吉尔吉斯斯坦水文气象局共有487名职工,设有下列机构:水文气象观测处、预报和信息保障处、自然环境辐射和污染监测处、电信和信息技术处、人事及文件流转处、财务核算处以及各州立气象局、水文气象站。主要职责包括：开展水文气象观测、农业气象条件观测、农作物及牧场植被监测、地表水污染监测、大气监测，包括放射性环境监测，并为信息收集、分析总结提供技术支持，从而促进吉尔吉斯斯坦的发展。此外，该局制作天气预报、水文预报、农作物产量预测，发布自然灾害预警以及极端环境污染情况预警，为国家机关、国民经济生产提供水文气象保障。该局还建立国家环境污染及水文气象数据库，保障现代技术水平的统一性和国家环境污染监测测量结果的可比性，制定标准化条例，并对测量仪器进行计量控制。其官方网站仅以表格的方式，提供该国各区域气象预报，服务产品可视化程度低、精细化程度低。

中国气象局曾为吉尔吉斯斯坦水文气象局援建 PCVSAT、FENGYUNCast 接收站，2011 年，中国气象局向吉尔吉斯斯坦水文气象局赠送 CMACast 接收站和 MICAPS 系统。

网站地址：http://meteo.kg/

2.3.24 阿富汗气象局

阿富汗气象局(AMA)隶属阿富汗交通与民航部，1956 年加入 WMO。由于社会不稳定，基础设施建设薄弱，水文气象灾害带来的损失更为惨重。阿富汗气象局承担国内气象观测、航空和农业气象服务等工作，官方网站通过链接 weather under ground 天气插件，提供国内主要区域的天气预报，总体气象服务水平较低。

2.3.25 卡塔尔气象局

卡塔尔于 1975 年 4 月 4 日加入 WMO。卡塔尔气象局(QMD)隶属民航局，该局资金来源为政府，近几年预算逐步增加。该局提供公共服务、灾害预警、气候服务、航空气象服务，服务水平较高，不允许从事商业活动。

网站地址：http://qweather.gov.qa/

2.3.26 科威特气象部

科威特气象部(MD)隶属科威特民航总局，其主要职责包括：开展全国天气预测、气候预测，向公众传播气象信息，为民航和空军提供航空气象服务等，提供卫星云图资料和雷达图形等。气象服务对象覆盖运输、公共工程、能源水利、农业、渔业、畜牧业、大众传媒和教育科学机构等。科威特气象部建立了完整的气象监测体系，包括27个陆地、海洋自动气象观测站，新一代多普勒天气雷达，20个风切变预警系统等。

网站地址：http://www.kazhydromet.kz/en/

2.3.27 阿拉伯联合酋长国气象和地震中心

2007年，阿拉伯联合酋长国联邦法令规定建立国家气象和地震中心(NCMS)，该中心旨在合并气象和地震信息来源，监测大气中发生的变化。同时，根据国内适用的法律和条例，向所有部门提供气象和地震服务。

国家气象和地震中心下属的气象部为多部门服务，包括航空、海洋、农业、工业和石油。其气象部提供12小时、24小时、48小时预报预警，也开展航空气象预报和海洋气象预报。出现恶劣天气，如飓风或严重的风暴、大雨、雾和沙尘暴时，要通过各种媒体发布给当局和人民群众。

气象部每天制作各种类型的天气图；研究空气污染对本国及周边国家的影响；研究数值预报模型；向市民、媒体、体育活动主办方及其他有关人士发出预报；为航空公司提供专业服务，并发布不同机场的天气报告；向航海、捕鱼及海上营运石油公司及海运行业发出海洋气象预报；在危急天气情况下发布预警，并向应急行动中心、决策和有关危机管理部门报告。

从官方网站上看，该国已经开展手机、智能手表等多终端气象服务，产品可视化程度高。

网站地址：http://www.ncms.ae/en

2.3.28 以色列气象局

1949年，以色列成为WMO成员，也是WMO区域培训中心之一。以色列气象局(IMS)隶属交通运输部，其职责是为国家经济社会发展提供气象、气候监测预报服务，促进社会可持续发展和保护环境。以色列气象局建立了覆盖全国的天气、气候、农业、太阳辐射观测站，日常通过各类媒体向公众发布天气预报和警告，并为交通运输、农业、民航、水务管理、能源经济、环境等部门提供气象预报和预警服务。

下设天气预报部、研发部、气候与农业气象服务部、农业气象部、站网工程部、信息系统部、高空观测部和行政财务部，现有职工80人。

网站地址：http://www.ims.gov.il/

2.3.29 沙特阿拉伯气象和环境局

2012年，中国气象局与沙特阿拉伯气象和环境局在北京签署了《沙特气象和环境局代表对中国气象局技术访问会谈记录》。中沙两国气象部门将在WMO信息系统（WIS）、WMO区域气候中心（RCC）、沙尘暴监测和预报、人员培训等领域展开合作，同时将推动双方专家互访，增进两国科学家和学者间的合作交流。此外，双方还将为阿拉伯国家联盟（LAS）和海湾阿拉伯国家合作委员会（GCC）国家气象事业的探索发展作出积极努力。

2.3.30 巴林气象局

巴林于1980年加入WMO，2001年被选为第二区域协会主席（亚洲）。巴林气象局（BMS）隶属交通运输部，主要负责开展巴林国内及区域气象服务，该局为巴林政府、各部委、军队、民航、海洋、媒体等部门，以及国际水域、商业、工业和社会公众提供气象咨询和信息服务，同时还负责对本地区的气象及相关学科进行研究，探讨气候变化的影响因素。该局通过门户网站及多种媒体渠道提供气象服务，产品包括常规的每天逐3小时预报，3天、5天、10天多要素预报，航空气象条件预报，海洋公报等。此外，该局还通过官方网站提供卫星云图、雷达拼图、巴林气候条件、气象科普和地震地图等服务。

网站地址：http://www.bahrainweather.com/

2.3.31 阿曼气象总局

阿曼气象总局（DGM）气象观测的历史可以追溯到1900年，当时还是私人机构。1893年，在马斯喀特成立了第一个气象站。阿曼气象业务真正开始是1973年为机场提供气象服务。1975年加入WMO。1975年5月起，该国通过电视台和广播电台进行气象服务，成为阿拉伯语和英语日常节目的重要组成部分。1976年，该局成为交通部民航总局的下辖部门，为东至中国香港、新加坡，西至伦敦，南至印度洋迪戈加西亚的国际航线提供预报。1982年，交通部成立气象总局，1986年整合成立民航气象总局，2008年又一次被命名为气象总局以及航空总局。

阿曼气象总局分为业务技术服务部和预报观测实践部。业务技术服务部包含电信网络科、外部站、系统及数据处理科、数值预报科。预报观测实践部分为航空导航和海洋气象科、遥感科、综合预报科、气象服务和媒体科。1999年，在德国国家气象局的合作下，阿曼气象总局建立了区域数值预报模式系统，提供预报服务；该局安装有高频地波雷达；2006 年 2 月 11 日，降水测量气象卫星卓越中心的建立，成为阿曼气象总局的又一里程碑，该中心由 EUMETSAT 出资，由 WMO 监督管理。

阿曼气象总局未来的发展规划包括：根据阿曼地形增加气象站，完善省级数值预报软硬件，发展季节预报和热带气旋预报，建立天气雷达网以确保能够追踪监测阿拉伯海的热带气旋，与国家信息部和民防委员会建立专门的合作机制，在与联合国教科文组织签署备忘录后开始筹建多灾种早期预警中心。

http://www.met.gov.om/

2.3.32 土耳其国家气象局

土耳其国家气象局(TSMS)是土耳其境内唯一合法提供气象服务的机构。其主要职责包括：提供天气预测、气候信息及数据、向公众传播气象信息、满足军队和民用气象需求。该局提供的气象服务产品包括：城市和景区天气预报、5 天预报、沙尘暴及环境预报、航海天气预报、码头天气预报、海表温度、浪高等。该局使用 METU3 海洋预报模式系统，以风速风向、波浪高度、波周期等参数开展地中海及附近区域的海洋预报服务。从该局定位看，土耳其气象服务主要由官方提供，相关合作主要建立在官方合作的基础上。

网站地址：https://www.mgm.gov.tr/

2.3.33 阿塞拜疆水文气象部

阿塞拜疆水文气象部(NHD)隶属生态与自然资源部，部门主要负责阿塞拜疆领土、领海的水文气象研究、预报和服务工作，发布全国 7 个区域当日、未来 2 天及月度气象、水文预测，提供包括水文气象信息、危险气象灾害预警、气象水文预报、水库蓄水预报等服务，为国防、交通运输、里海航运、石油、电力、水利、建设、农业等部门提供气象预报支撑。同时，还负责通过媒体每天发布预报预警。

水文气象部下设 7 个研究中心，分别是海洋水文气象中心、航空气象中心、水文气象预报局、水文气象中心、水文气象科学研究所、气候变化与臭氧研究中心、气象与辐射监测部。此外，水文气象部在全国 11 个地区设立区域中心。

网站地址：http://www.eco.gov.az/az

2.3.34 伊朗伊斯兰共和国国家气象局

伊朗伊斯兰共和国国家气象局(IRIMO)隶属伊朗道路与城市发展部,主要业务职责包括:天气气候服务、水文和农业气象服务、交通及航空业服务,并提供国防和安全部门的相关风险管理服务。该局气象服务包括通过门户网站提供的基础天气气候服务和服务于具体用户需求的应用气象服务。除基础性气象服务,还提供天气分析报告、气候资料和专业领域的商业化气象服务,用户可以通过登录方式订购或购买服务产品。

从伊朗国家气象服务现状看,伊朗气象服务尚处于起步阶段,服务产品形式较少,合作开展面向公众和专业领域气象服务的空间较大。伊朗气象部门提供的基础性气象服务产品包括短期、中期和长期天气气候信息,如温度、湿度、气压、太阳能辐射量、风速风向、云和雪、蒸发量、降水量等,展现形式包括天气分析模型和地图,主要用于研究项目和不同领域高层次的管理决策。气象应用领域的服务产品主要根据用户需求向用户和利益相关者提供,包括每日天气形势图、航空气象、海洋气象、雷达和卫星产品、农业气象、公告、季节性和周期性出版物和气象台站气象数据等。

中国气象局曾在2004年赴伊朗与伊朗国家气象组织开展过交流活动,并签署会谈纪要。

网站地址:http://www.irimo.ir/far/

2.3.35 伊拉克气象与地震局

伊拉克由于社会不稳定,导致气象基础薄弱,伊拉克气象与地震局(IMOS)隶属交通部,负责开展气象、地震监测预报服务,在首都建有卫星数据接收站,负责接收EUMETSAT和NOAA的卫星资料,开展气象分析与服务。伊拉克气象与地震局负责开展本国的气象观测、天气预报预警、航空气象预报、农业气象预报等服务工作。现有职工513名。

2.3.36 约旦气象部

约旦气象部(JMD)成立于1951年,1955年成为WMO成员,隶属交通运输部,现有职工230名。约旦气象部负责发布天气预报,并在环境、交通、水利、能源、农业和建筑等领域提供不同服务。主要职责包括:开展空气环境质量监测,农业气象和水文预测;定期发布天气公报并给出预测;提供国内外部分地区天气预测信息;开展气象研究和科学研究。

网站地址:http://www.jometeo.gov.jo/

2.3.37 格鲁吉亚国家水文气象部

格鲁吉亚国家水文气象部(DH)现有职工186名,其前身是第比利斯物理观测站,成立于1837年,该国气象观测资料始于1844年。目前,格鲁吉亚国家水文气象部隶属国家环境局,国家环境局是格鲁吉亚环境保护和自然资源部下属单位。国家水文气象部负责开展国内气象、水文、环境等方面的监测、数据收集处理和分析保存等,在全国范围内建立了100多个水文气象站,统一开展运输水文气象服务保障、气象气候预测、灾害预警发布、水文和环境监测等服务。国家水文气象部通过官方网站向公众提供主要城市未来10天预报、格鲁吉亚分区趋势预报、水文监测数据、雪崩监测及区域实时视频监测等服务,同时部门还针对特定用户开展有偿专业气象服务。

网站地址:http://www.hydromet.ge/

2.3.38 亚美尼亚水文气象与监测局

亚美尼亚水文气象与监测局(SHAIAP)隶属亚美尼亚紧急情况部,是紧急情况部下属的非营利性组织,主要负责提供国家水文气象服务,提供气象和水文监测预测数据,研究河流、湖泊、水库水情,研究全球气候变化对不同经济领域的脆弱性影响,提供航空专用气象服务,开展气象和水文科学研究,通过官方网站提供国内主要城市未来5天的多要素预报服务。

网站地址:http://www.meteo.am/

2.3.39 叙利亚国防气象部

叙利亚于1952年7月16日加入WMO。叙利亚国防气象部(MDMD)目前有25个在WMO登记的观测站,在国际合作方面,该国曾赴俄罗斯、罗马尼亚、瑞士等国家的高校参加学术培训活动。叙利亚国防气象部的职能是建立天气、农业气象、空气污染、航空气象等综合网络、气象预报中心和监测网。

网站地址:http://www.meteo.sy/

2.3.40 也门气象局

也门气象局（YMS）隶属交通部，不提供水文信息，但为航空提供气象服务。也门于1971年6月8日加入WMO。其监测历史始于19世纪，当时也门是英国的殖民地，是欧洲侵略印度、东亚、东非的战略港口，随着进出亚丁港的海上运输量增加，英国在1870年开始提供必要的气象服务。第一次世界大战开始后，气象的地位逐渐提升。从1945年开始，英国在此设立的气象部门开始招募也门人，但也门人仅从事观测记录工作，并没有专业知识。1945年后，在亚丁国际机场建立的气象服务站移交到气象部门，随后又在AI-RAYYAN机场建立高空站、地面气象台等。1976年，该国建立了民航和气象总局，随后经历也门内战。1990年5月22日，南北也门统一后，民航和气象工作合并为一个实体，其中气象局成为独立的技术部门。

1992年，也门气象局安装了一套气象通信系统，通过全球电传通信系统（GTS）向亚丁气象信息中心提供数据。一些地面气象站也安装了一系列现代无线电通信装置，配备接收站，能够接收欧洲航天局发射的气象卫星（METEOSAT）的信息传输，1995年安装了卫星广播系统，1998年成立了伦敦区域预报中心覆盖印度洋区域的航空气象卫星分布系统（SADIS）现代接收终端，从全球气象中心接收航空天气信息，使其航空气象服务水平实现了跨越发展。

也门气象局的目标是提供更有竞争力和高效率的气象基础设施；为运输、水、能源、旅游、环保行业提供准确信息；提高生产效率和机构效率；提高国家环境质量。其使命是建立气象网络，保障气象信息快速交流，以便向人们提供天气气候预报预警。

网站地址：http://www.yms.gov.ye/

2.3.41 斯洛文尼亚气象局

斯洛文尼亚气象局（NMSoS）隶属国家环境和空间规划部。气象局主要任务是监测预报灾害性天气气候及其影响，同时还承担相关研究，包括大气运动机理、大气和水圈的相互作用。该局还为本国电力和环境工作提供气象保障，监测环境气象要素和降水质量，评估天气和气候对人体和植物的影响，监测研究大气中的电离辐射。斯洛文尼亚气象局为环保、水资源管理、国防、交通、农业、林业、工业、建筑业、卫生、旅游、航空航海、公众活动等提供气象服务。

斯洛文尼亚气象局和欧洲气象卫星开发组织(EUMETSAT)、ECMWF 保持了良好的合作,ECMWF 为其提供天气预报的高级计算资源,EUMETSAT 为其提供卫星数据和相关产品。斯洛文尼亚气象局还与欧洲国家气象部门保持密切联系。

网站地址:http://www.arso.gov.si/

2.3.42 爱沙尼亚气象水文研究所

18 世纪末,爱沙尼亚开始了天气观测,1991 年,爱沙尼亚气象水文研究所(EMHI)成立,是爱沙尼亚环境部下属部门,负责开展天气气候预测、气象水文观测、灾害预警发布、航空气象服务和海区预报预警等,爱沙尼亚气象水文研究所与 ECMWF 等机构开展合作,建立了完整的气象水文服务业务体系。

爱沙尼亚气象水文研究所官方网站提供爱沙尼亚全国未来 4 天的天气趋势预报、主要城市未来 2 天逐小时精细化预报、数值模式预报产品、降水概率预报、预警信息、紫外线指数以及雷达卫星等监测产品。同时,还提供爱沙尼亚周边的海区天气预报和海洋要素监测产品,提供水文监测产品及气候统计产品等,可通过网站、移动端、电子邮件等多种形式向社会公众发布,也为相关领域提供定制化的气象服务。

网站地址:http://www.ilmateenistus.ee/

2.3.43 捷克水文气象研究所

捷克水文气象研究所(CHI)隶属捷克环境部,全权组织开展全国水文气象监测、服务和管理等工作。该部门负责为经济社会发展提供服务支撑,建立和运维全国大气和水圈观测站网,开展水文气象监测、预报和预警服务,同时负责水文气象监测设备的研发生产。捷克水文气象研究所积极开展技术创新、信息化建设和国际合作,使水文气象业务水平得到了长足发展。截至 2016 年底,捷克水文气象研究所建立了一套完整的水文气象观测站网,包括 38 个专业观测站、199 个志愿者气候监测站和 503 个志愿者雨量监测站。

捷克水文气象研究所官方网站提供气象气候预测、水文监测、空气质量监测等服务数据产品,其中气象气候服务产品主要包括全国未来 2 天预报和一周趋势预报、航空气象条件预报、雷达卫星监测、臭氧监测、闪电监测等;水文服务产品主要包括洪水预报、水位水质监测和历史水文数据等;环境服务产品主要包括空气质量地图、温室气体监测及空气质量月报等。由于其国内业务体系完善，并与 ECMWF 及相邻国家建立了紧密的监测预报合作，整体气象服务能力和水平较强。

网站地址：http://portal.chmi.cz/

2.3.44 斯洛伐克水文气象局

斯洛伐克水文气象局(SHMI)于 1969 年 1 月 1 日成立，前身是林业和水资源管理部，从 19 世纪中期起成为水文气象的承担机构，现隶属环境部，是国家拨款机构。斯洛伐克水文气象局的业务包括：监测水和空气各项参数，收集、归档数据信息，从事水圈和大气圈研究，发布大气和水文预测预警信息，以及向公众提供上述信息。

斯洛伐克水文气象局通过国家水文气象观测网获取数据，2011 年的数据显示，该国有 3 884 个气象观测设施。主要职能：管理国家水文和气象观测网；提供国家和国际层面的大气、空气质量、气候、水资源、环境辐射信息；制作分发气象和水文预报，向政府、国家行政机关、直辖市、应急部门、公众、国内外客户等提供雾和霾、臭氧、辐射等预警；监测气候系统的发展；参与环境项目的规划；参与制定斯洛伐克环境管理战略；收集、处理和评估国家排放量；为民航提供气象数据；为斯洛伐克军队提供水文气象服务。

网站地址：http://www.shmu.sk/

2.3.45 拉脱维亚环境地质气象中心

拉脱维亚环境地质气象中心(LEGMC)注册于 2009 年 7 月 7 日，主要负责拉脱维亚环境质量和自然资源评估，发布气象、水文、自然灾害预警，开展环境数据管理、水资源和内陆水质数据库维护以及空气排放、空气质量、化学品、废物管理和污染地区管理。此外，该中心根据国家和欧洲政策需要，开发环境监测系统；维持温室气体排放交易国家计划；监督管理拉脱维亚地下资源并保障地下资源合理利用。拉脱维亚气象中心官方网站显示，该中心能够提供逐小时天气预报、云量、温度、降水、适感温度、风力预报。发布 12 种预警产品，每种预警分为绿色、黄色、橙色、红色 4 个等级。

网站地址：http://www.meteo.lv/

2.3.46 立陶宛气象局

立陶宛气象局(LHMS)隶属环境部，成立于1921年。负责立陶宛的气象(包括农业气象、航空气象和海洋气象)和水文观测预报。该局主要职能为：在水文气象领域制定和实施国家政策；执行水文气象观测，参与国家环境监测计划；进行气象、水文和太阳辐射预测，以及灾难性水文气象现象、突发天气变化、臭氧层损耗预警；提供地表水体状况、气候变化及其对环境、国民经济发展的影响评估；维护水文气象数据库，为世界数据银行和立陶宛本土提供江河、湖泊和水库等地理数据；对水文气象仪器进行评估并颁发证书等。该局建立了覆盖整个立陶宛的观测网络。

网站地址：http://www.meteo.lt/lt/home

2.3.47 波兰气象和水管理局

波兰于1950年5月16日加入WMO。波兰气象和水管理局(IMWM)隶属环境部，是国家级研究机构。资金主要来源于政府拨款，近些年持续上升，同时允许进行商业活动。该局提供公共气象服务、天气预警、气候服务、航空气象服务、海运气象服务、水文气象服务以及水和空气质量服务。其在WMO登记的观测站点有74个。

网站地址：http://www.imgw.pl/

2.3.48 克罗地亚气象水文研究所

克罗地亚气象水文研究所(MHS)是克罗地亚气象预报发布的国家机构，于1947年成立，其职责是组织气象、水文监测，开展预报预警服务，为经济社会发展提供支撑。近年来随着业务量的不断增加，克罗地亚气象水文机构的人数增加到440名左右，在全国范围内还有数千名气象信息员，该机构使用数值天气预报模式进行预报，同时制作出的气象服务节目在克罗地亚电视台黄金时段播出。

该研究所设有内阁主任、水文部、气候监测部、分析预测部、科研研发部、空气质量部以及相应的服务辅助机构和实验室等。

网站地址：http://meteo.hr/

2.3.49 匈牙利气象局

匈牙利自1891年6月15日起每天发布“天气预报报告”，到1900年，匈牙利境内已建有765个气象观测站。匈牙利气象局(HMS)正式创建于1970年,1988年划归环境水利部管理,承担全国气象观测、预报、预警等服务工作,负责向当局及公众提供气象信息(民航、水文、灾难保护)等。目前,该局建立了全国性的监测网络,开展无线电探空仪高空观测、气象雷达监测以及闪电定位等业务,并利用自己的数值预报系统制作天气预报并发布国际天气预报信息。为高标准的履行职责,该局积极从事研究和项目开发,开展灾害预警系统、暴风雨预警系统等项目研发,此外该机构还提供定制化商业气象服务。

该局下设5个业务部门,分别是财务部、观测部、气候与大气环境部、预报部、信息技术部,现有全职职工198名,其中具有高等教育程度的职工有167名。

网站地址:http://www.met.hu/

2.3.50 罗马尼亚国家气象局

罗马尼亚1948年8月18日加入WMO。罗马尼亚国家气象局(NMA)隶属环境和气候变化部,其本身职能不提供航空服务,但和航空部门合作开展航空气象服务工作。资金来源为政府,约有15%的资金来源于政府财政之外。商业模式方面有自主性。未来三五年,计划提升监测基础设施建设。该局提供公共气象服务、气象灾害预警、农业气象服务、行业定制服务、水和空气质量业务等。该局积极开展各种商业气象服务,能够提供每日、每周、三个月的天气预报信息和格点化的预报信息和产品。该局网站地址显示有雷达产品、METEOSAT-10卫星图像产品。罗马尼亚国家气象局的数值预报模式较多,是欧洲中心的准会员,同时与欧洲气象卫星应用组织、欧盟、北约、WMO等建立了良好的业务协作关系。

网站地址:http://www.inmh.ro/

2.3.51 保加利亚国家气象水文研究所

1954年保加利亚水文与气象研究所成立,1991年正式更名为保加利亚国家气象水文研究所(NIMH),机构隶属保加利亚科学院,负责开展大气圈和水圈的监测、分析和预报工作,负责保加利亚及黑海周边国家的水文气象服务,通过及时发布危险天气、洪水预报和预警,降低灾害损失。

气象水文研究所使用法国气象局业务有限区域模式(ALADIN)、ECMWF、美国国家环境预报中心的全球预报系统(GFS)等数值模式开展天气、气候预测,通过官方网站提供全国主要城市天气实况,短、中期和月度多要素天气预报和气候预测产品,提供未来2天的全国气象风险地图,用绿色、黄色、橙色、红色分别代表不同的风险等级。同时,在气象服务中除了制作标准天气预报文本外,还负责制作适合各类媒体传播的静态、动态气象服务图形,并可以按照客户需求定制专属的气象服务产品。

气象水文研究所设有气象部、水文部、预报与信息服务部、观测传输部、会计部及科学理事会。此外,还在全国4个区域设立分支机构,分区域开展气象服务。

网站地址:http://www.meteo.bg/

2.3.52 黑山水文气象局

黑山于2007年1月5日加入WMO,黑山水文气象局(HIM)隶属可持续发展和旅游部,资金来源于政府拨款,近些年持续增加,还会通过国际机构获取项目经费,非政府渠道的资金少于10%。该局提供公共服务、天气预警、气候服务、海运气象服务、农业气象服务、水文气象服务、行业定制服务以及空气和水质量业务等。黑山气象部门的主要任务是气象测量和观测以及数据传输处理,有8个主站,20个气候站,并按照WMO制定的标准建设了50多个雨量站。自动气象站数量逐渐增加,在过去的几年中,记录境内气象要素(气温、气压、湿度、降水量、风速和风向、日照等),并自动通过移动电话传输到设在波德戈里察的中心机构。

目前黑山的天气预报产品分为:临近预报(3小时)、短临预报(12小时)、短期预报(3天)、中期预报(10天)和长期预报(10天以上)、月度和季节预报。此外,该机构还开展专业气象服务,每日两次为港务局和其他客户提供天气预报专业服务。

网站地址:http://www.meteo.co.me

2.3.53 塞尔维亚水文气象局

1888年9月27日,通过建立统一的气象观测网,塞尔维亚[①]水文气象局(RHIS)成立。该国实际的气象观测始于1848年,到1856年,20个城镇组织了气

---

① 1918年12月1日,塞尔维亚—克罗地亚—斯洛文尼亚王国成立。1929年,该国改名南斯拉夫王国。第二次世界大战爆发后倒向轴心国,1941年,被纳粹德国侵略。1945年初,德国撤出南斯拉夫,王国重建。1945年,建立南斯拉夫联邦人民共和国。1963年,改国名为南斯拉夫社会主义联邦共和国。1992年解体,分裂为南斯拉夫联盟共和国、克罗地亚共和国、斯洛文尼亚共和国、马其顿共和国以及波斯尼亚和黑塞哥维纳共和国。南斯拉夫联盟共和国继承了南斯拉夫社会主义联邦共和国的主体,2003年,重定新宪法改国名为塞尔维亚和黑山。2006年6月3日,塞尔维亚和黑山解体正式独立。

象观测站，发展至1857年成为当时欧洲最密集的观测网。从那时起，这些观测网记录了萨瓦河水位的变化情况，至今留下了宝贵数据。1887年3月26日，贝尔格莱德气象台成立，成为整个塞尔维亚的数据采集中心。1902年8月，编码数据的国际交流开始，同时气象台开始制作第一份天气预报，最早刊登天气预报的媒体是1912年当地报纸Politika。1916—1918年，第一次世界大战期间，贝尔格莱德气象台和整个气象系统被德国占领。1918—1941年，作为南斯拉夫气象机构的一部分，塞尔维亚水文气象局负责马其顿、黑山和达尔马提亚的气象观测，同时，解放的科索沃和梅托西亚建立了气象站，贝尔格莱德气象台成为整个南斯拉夫地区的气象数据收集中心。那时起，塞尔维亚水文气象局加入了国际气象组织IMO（WMO的前身）。1922年，水文部门的建立标志着塞尔维亚—克罗地亚—斯洛文尼亚王国水文服务的统一。1923年，该部门开始预报洪水。第二次世界大战期间，除了贝尔格莱德气象台以外，很多水文气象站的工作都停滞了。1947年1月7日，南斯拉夫成立联邦水文气象机构（FHMI），统一了整个疆土的水文气象服务，该机构参与了1947年的WMO成立大会。

1991年，新成立的国家脱离南斯拉夫，南斯拉夫社会主义共和国气象局（SRY）成为塞尔维亚和黑山的国家机构。尽管联合国对南斯拉夫实行经济制裁，但WMO从未对其进行过制裁，也没有剥夺过其权利。1999年，北约打击后，该地区气象设施被毁坏，科索沃和梅托西亚地区成为欧洲气象地图上的“黑洞”。2000年，WMO要求各成员国给予援助，目前该国已经享受了中国、日本的援助。2003年4月，南斯拉夫联邦水文气象机构被废除，塞尔维亚水文气象局成为其法定继承人。

目前，塞尔维亚水文气象局作为EUMETSAT成员，能够获取实时卫星图像，参与相关研究、培训项目；该局与ECWMF保持合作，获取其预报分析产品、10天及季节预测产品。该局在大气科学领域开展了气候学、农业气象学、数值预报等领域的研究。在预报能力方面，目前该局官方网站两天更新一次1～2天塞尔维亚天气预报，每天更新未来5天天气预报，每两月更新一次月预报，每月更新一次季节预报，并提供未来3天紫外线指数预报、未来两天生物气象预报，以及每天更新水文预报。

网站地址：http://www.hidmet.gov.rs/index.php

2.3.54 马其顿共和国国家水文气象局

马其顿共和国国家水文气象局（NHMS）有200多名职工。在水文信息方面，该局为媒体提供免费年度、周度信息，提供河流、湖泊和地下水位信息，提供地表水温和地下水温，提供河流径流量以及河流沉积物运输。在天气气候及农业气象监测方面，该局拥有相关监测系统。在环境方面，该局提供二氧化硫、雾和霾、二氧化氮每日平均浓度数据，19 个监测站点的月空气质量报告，地表水质量监测，铵离子、硝酸盐、亚硝酸盐、有机氮、正磷酸盐和总磷监测，铁、锰、铅、锌、镉、铬、镍、钴、铜、铝等有害金属监测，氰化物、苯酚硫化物等有毒物质监测。在预测与分析方面，提供每日天气公告、未来三天预报、每周灾害性天气预测；通过雷达识别系统和天气监测系统提供农业气象服务，同时为预防冰雹灾害开展人工影响天气；开展灾害性天气的早期预警。

网站地址：http://www.meteo.gov.mk/

2.3.55　波斯尼亚和黑塞哥维那水文气象研究所

波斯尼亚和黑塞哥维那水文气象研究工作由农林水利部管理，气象业务由两个研究所承担，分别是波斯尼亚和黑塞哥维那联邦水文气象研究所、斯普斯卡共和国水文气象研究所。

波斯尼亚和黑塞哥维那气象服务始于 19 世纪 80 年代，联邦政府于 1997 年成立联邦气象研究所，2007 年正式更名为联邦水文气象研究所。研究所下设：气象中心、应用气象部、水文部、生活服务部、行政技术部以及地理学中心、天文学中心和信息技术中心。

斯普斯卡共和国水文气象研究所成立于 1992 年，负责开展斯普斯卡共和国水文、地震、气象相关的监测、预报和服务工作。研究所设 4 个部门，分别是气象部、水文部、地震部以及财务与法律事务部。

网站地址：http://fhmzbih.gov.ba/

2.3.56　阿尔巴尼亚水文气象研究所

阿尔巴尼亚水文气象研究所（THI）是国家水文气象科研机构，依托阿尔巴尼亚地拉那理工大学运行，负责开展水文气象科学研究与应用，对学生和年轻研究人员进行教育，同时在地震学、自然资源、地球工程和地理信息技术领域开展第三方服务。

水文气象研究所下设 7 个部门，分别是气候与环境部、地质部、地震部、水经济部以及 3 个管理机构，即研究所委员会、发展规划部、运行管理部，部门内设具体的业务研究机构，目前开展业务服务的主要有国家自然灾害预测监测中心和国家地震活动监测中心，定期发布自然灾害和地震监测预测信息，为社会经济发展提供支撑。

网站地址:http://www.meteo.dz/index.php

2.3.57 俄罗斯联邦水文气象与环境监测局

俄罗斯联邦水文气象与环境监测局(RFSHEM)隶属俄罗斯联邦自然资源与生态部,设有外国代表和下属机构。其工作内容是监测水文与天气实况、环境污染实况。主要职责是向俄罗斯联邦政府提供水文、天气气候、环境污染实况信息,为联邦政府的决策活动给出重要参考,帮助政府找出重污染企业,为企业生产模式转型提供环保标准,确保俄罗斯联邦的水文气象及环境安全是该局的工作宗旨。

水文气象与环境监测局与其他联邦政府执行机构、联邦政府主管部门、地方政府、公共组织都有全方位合作。俄罗斯联邦政府于2002年2月8日确认了俄罗斯承担WMO公约责任。截至2016年9月,与俄罗斯联邦77个政府职能部门间的合作协议正式生效。

水文气象与环境监测局设有中央办公室顾问团队、水文气象中心专家组、科技保障组、基础业务人员、涉外交流人员、各联邦业务人员,是一个很强大且很完备的国家团队。

主要产品有中央联邦区环境危险动态地图、水文气象信息服务系统CliWare、每日水文气象滚动播报、北极科考天气日报、俄罗斯森林火险预警动态地图、空间天气调查预测、地磁场状态通报、综合环境检测等。

网站地址:http://www.meteorf.ru/

2.3.58 白俄罗斯水文气象中心

白俄罗斯水文气象中心(Hydromet)是白俄罗斯从事气象环境监测预报服务的非营利组织,隶属白俄罗斯自然资源与环境保护部。水文气象中心分国家级中心和6个区域中心,共有职工超过400名。

水文气象中心现有51个气象观测站,9个专业观测站(其中6个农业气象站、1个背景监测站、1个湖泊监测站、1个沼泽监测站),8个民用航空气象观测站,99个江河湖泊观测站,10个水文监测站。为了提供气象运输服务(空中和地面),建设了3部气象雷达,分别部署在布列斯特、戈梅利和明斯克,布列斯特和戈梅利开展高空探空业务。

白俄罗斯水文气象中心的主要目标是接收、收集、处理、分析、存储和提供气象数据,开展天气、水文、农业气象预报预测服务,开展区域气候变化研究,确保政府有序运行和人民生命财产安全。白俄罗斯水文气象中心通过官方网站等媒体对外开展气象服务，提供主要城市观测实况、未来6天多要素预报、卫星云图、雷达拼图、WRF模式预报场、海温、机场天气及空间监测产品等。

网站地址：http://www.pogoda.by/

2.3.59 乌克兰水文气象中心

乌克兰水文气象中心(UHMC)隶属紧急情况部，现有5 000多名员工，其中超过950名受过高等教育。其职责包括：对水文气象条件、地球物理过程、环境污染进行基本观测；收集、传播和储存观测数据，为国家机关、地方政府、行业及公众提供气象预报；向企业和个人提供水文气象服务。此外，它与乌克兰航空气象中心一起开展航空气象服务。乌克兰水文气象中心的主要财政来源为本国政府，非政府以外的预算占约20%。该中心官方网站提供未来5天逐12小时的要素预报，当天逐3小时的要素预报。

在法律方面，乌克兰水文气象中心在完成行政机构、地区政府、企业机构和组织分配任务时，要按规定免费获取数据信息、文件和其他材料，在能力范围内核查下属机构和企业的金融经济和生产活动，采取必要措施进行国家气象观测、水文气象预报、软件服务等。

网站地址：http://meteo.gov.ua/

2.3.60 埃及气象局

埃及气象局(EMA)隶属埃及民航部，负责开展本国的气象观测、天气气候预报以及臭氧、太阳辐射、空气污染监测等。埃及气象局建立了完整的观测站网，包括气象站45个、航空气象站25个、气候监测站70个、农业气象监测站10个、放射监测站12个、空气质量监测站5个、自动气象站35个，拥有气象二代卫星资料接收系统，在日常业务中使用ECMWF和法国等多家模式预报产品，同时研发了本国的数值预报模式，气象服务产品覆盖民用、军用、航海、旅游、农业、水文等领域。

埃及气象局官方网站提供未来5天预报、未来3个月季节性预报、未来4天空气污染预报和未来15天农业气象预报等。

网站地址：http://www.nwp.gov.eg/

第3章　中国气象服务发展现状

采用优劣势分析法(SWOT),从中国气象服务的优势、劣势及面临的机遇和挑战4个方面,以及气象技术、气象服务、装备制造、产业配套及资源配套5个维度,对中国参与国际气象服务的前景做了全面分析,目的是全面认识自己,以发挥长处、克服短板、规避风险、抓住机遇,引导中国各类气象服务机构更好地参与"一带一路"建设,更有效地支持"一带一路"沿线国家的经济和社会发展。

3.1　优势

中国气象局已被世界气象组织认定为世界气象中心,跻身八大世界气象中心,这表明中国已经同时具备业务运行全球确定性数值天气预报系统、全球集合数值天气预报系统和全球长期数值预报系统的能力,从技术上已经具备参与国际气象服务的成熟条件。此外,中国气象局也与世界气象组织签署了《关于推进区域气象合作和共建"一带一路"的意向书》,从顶层规划上明确了双方将共同推进"一带一路"区域气象合作的意愿。

3.1.1　气象技术

3.1.1.1　具备数值天气预报业务自主研发体系

中国数值天气预报业务已经从引进吸收转入了自主研发、持续发展的新格局。在国家级构建了包括全球和区域模式预报系统、集合预报系统及专业数值预报系统在内的较为完整的数值预报体系,T639、GRAPES全球中期数值天气预报系统均取得长足发展。省级气象部门建立了区域中尺度数值预报系统,GRAPES等中尺度模式得到了广泛应用。精细化预报业务持续推进,实现了5千米分辨率的格点气象要素预报及全球多模式集成精细化站点预报,气象灾害预警可精细到乡镇(街区)乃至具体设施,应用于风能领域的数值天气预报可精细到具体风机位置。

3.1.1.2　具有客观化气候预测能力

中国是少数几个具备客观化气候预测能力的国家之一，建立了全球资料同化系统、月动力延伸预测模式系统及季节气候预测模式系统，在全球气候预测信息交换中发挥着重要作用，也是东亚区域气候预测的主要参考。目前第二代月、季预测模式已经投入业务运行。

3.1.1.3　具有较强的气候变化科学研究及政策咨询能力

中国已经具备较强的气候变化预估技术能力和先进的计算机资源保障，在气候变化科学及气候变化减缓和适应政策方面，都发挥了重要作用，取得了丰富经验。提交中国碳排放峰值、联合国气候变化峰会、中美气候变化联合声明等多份咨询报告，在政府间气候变化专门委员会（IPCC）中发挥了重要作用。由中国气象局秦大河院士主编的《中国极端气候事件和灾害风险管理与适应国家评估报告》吸收了国际上在气候变化应对领域的前沿理论和实践知识，有助于未来开展应对气候变化相关服务。

3.1.2　气象服务

3.1.2.1　建立了发达的政府决策气象服务体系

中国气象部门与各级政府部门建立了紧密的联动机制，在信息传播、防灾减灾决策、灾害应对动员等方面建立了一整套行之有效的管理体系，气象工作已经成为政府工作的重要组成部分，这是很多发达国家不具备的。2015 年正式成立了国家预警信息发布中心，开始在更高层次上提升整个体系的效率，国家突发事件预警信息发布系统已经建成并投入运行。该决策服务体系具有很强的推广价值。

3.1.2.2　具有完善的面向公众的灾害预警服务体系

中国已经建立了完善的灾害预警体系，对于如何在经济落后地区实现灾害预警信息有效传播，有丰富的经验。中国气象局从 1980 年开始制作电视天气预报节目至 2017 年底，成功打造中国气象频道、中国天气网、中国天气通三大中国气象服务自有品牌，覆盖全国各主流媒体，每天为超过 10 亿的人群提供了全面、专业、贴心的专业公众气象信息服务。气象部门已经建成官方网站 180 个、官方微博 689 个、官方微信 313 个、客户端 60 个。中国天气网日最高浏览量超 6 039 万页。手机应用程序中国天气通总装机量突破1.5亿,月活跃用户超2 800万。在农村地区建成7.8万个乡镇气象信息服务站和73万余名气象信息员以及43.9万套大喇叭、19.3万块乡村气象电子显示屏。

3.1.2.3 具有丰富的专业气象服务实践经验

中国面向行业的气象服务覆盖面不断拓宽,涉及工业、农业、渔业、商业、能源、交通、运输、建筑、林业、水利、国土资源、海洋、盐业、环保、旅游、航空、邮电、保险、消防等多个行业和部门。覆盖全国主要高速公路的交通气象专业化监测网络基本建成,国家、省两级布局合理、分工明确的交通气象服务业务已经建立,交通气象服务精细化程度显著提高;面向电力行业的专业气象服务理念和技术也得到快速发展,并在电力安全生产中发挥重要作用;30个省(区、市)、323个地市、1 880个县建立了地质灾害气象预警业务,海洋、电力、森林草原防火、健康、旅游等领域气象服务取得快速发展;大气成分分析与预警预报、空间天气预警、沙尘暴天气监测与预报、防雷装置检测和工程专业设计、健康和医疗气象、突发公共事件紧急响应等气象保障业务和服务也迅速发展。

3.1.2.4 部分领域已经具备服务国外用户的能力

通过推进气象科技服务的规模化、集约化及市场化的探索积累,中国初步形成了包括气象观测仪器装备制造与系统研发、专业领域气象服务、气象信息增值服务、气象工程技术服务和其他气象关联产业等在内的具有一定规模的产业体系。中国在基础设施建设及应对气候变化方面的快速发展,也带动了相关气象服务的发展,特别是在能源电力气象服务领域取得了一定的市场竞争优势(2014年完成652项气候可行性论证,为433个风电场、太阳能电站开展气象条件预报服务),初步具备了对外拓展的能力,风能资源评估技术已经达到国际领先水平,目前已经走出国门。农业气象服务,经过多年积累,已经形成完成的体系,对大宗粮食作物的产量预报准确率高。另外,由于中国近年来饱受空气污染困扰,因此也推动了环境气象服务的发展,尤其是在雾和霾预报方面,已经达到国际先进水平。此外,气象部门之外的机构也在天气和气候研究或服务方面取得了突出的成绩。2015年6月,著名医学杂志《柳叶刀》发表了题为《健康与气候变化:保护公共健康的对策》的委托研究报告。该报告由来自清华大学、英国伦敦大学学院和瑞典多个机构的45位学者组成的委员会耗时2年共同完成,清华大学地学中心共有10人参与该报告的编写。

3.1.3 装备制造

3.1.3.1 气象卫星发展迅速

中国的气象卫星已实现了业务化、系列化的发展,实现了从试验应用型向业务服务型转变的目标。中国已成为国际上同时拥有静止气象卫星和极轨气象卫星的少数国家和地区之一。截至 2017 年底,中国已成功发射了 16 颗“风云”系列气象卫星,包括 8 颗极轨气象卫星和 8 颗静止气象卫星。目前,“风云四号”A 星、“风云三号”A/B/C 星和“风云二号”D/E/F/G 星在轨稳定运行。极轨气象卫星实现了更新换代、上下午星组网观测,静止气象卫星实现了双星观测、在轨备份的业务模式,卫星遥感应用服务取得了令人瞩目的成就。世界气象组织已将“风云二号”和“风云三号”气象卫星纳入全球业务应用气象卫星序列,使中国“风云”气象卫星成为全球综合地球观测系统的重要成员。目前,中国已构建起以北京、广州、乌鲁木齐、佳木斯 4 个国家级地面接收站和瑞典基律纳站组成的卫星数据接收网络,形成了以国家级数据处理和服务中心为主体,以 31 个省级卫星遥感应用中心和 2 500 多个卫星资料接收利用站组成的全国卫星遥感应用体系,除接收“风云”系列气象卫星外,还接收利用美国、日本、欧洲等国家和组织的多颗卫星资料。采用卫星数字视频广播(DVB-S)技术建成的“风云”气象卫星数据广播分发系统 CMACast 接收站,是全球地球观测组织(GEO)的全球卫星数据广播分发体系的三个核心成员之一。目前,CMACast 接收站已超过 200 套,极大提升了中国“风云”气象卫星的国际影响力。2016 年 12 月 11 日,“风云四号”科研试验卫星在西昌卫星发射中心成功发射,该卫星除新增大气垂直探测和闪电观测功能外,装载的多通道扫描成像辐射计和空间天气仪器显著提升了性能,多通道扫描成像辐射计的成像观测通道从5 个扩展到 14 个,全圆盘图像观测时间从半小时缩短到 15 分钟,最高空间分辨率从 1.25 千米提高到 500 米,装载的干涉式大气垂直探测仪在世界上首次实现了静止轨道红外高光谱探测,可以获取大气温湿度三维结构,处于国际领先水平。此外,“风云四号”装载的闪电成像仪首次实现了对亚洲大洋洲区域的静止轨道闪电持续观测。

3.1.3.2 天气雷达技术达到世界领先

中国制造的天气雷达已经在国内外得到广泛应用(超过 100 部),并已进入罗马尼亚、韩国、印度、美国等市场。

3.1.3.3 人工影响天气技术具有国际影响力

中国的人工影响天气技术和装备在抗旱、重大活动保障中多次发挥重要作用，有较强的国际影响力。

3.1.3.4 防雷技术与应用成熟

中国已经建成了覆盖大陆大部分地区的具有自主知识产权的325个云地闪电定位站，成为世界上少数几个实现雷电联网监测的国家之一。

3.1.3.5 气象观测自动化全面推进

综合气象观测系统运行监控平台（ASOM）投入业务运行，观测自动化全面推进，气象观测已经实现了由人工观测为主向自动化观测为主的转变，观测的效率和质量稳步提升。

3.1.3.6 预警信息发布设备种类丰富

除电视、电脑、手机等主流预警信息发布（接收）设备外，电子显示屏、预警喇叭、专用接收机等适配特殊条件的气象专用预警信息发布设备也已经在中国各地得到了广泛应用，并在防灾减灾中取得良好效果。

3.1.4 产业配套

3.1.4.1 系统研发能力较强

气象部门自主研发的MICAPS系统，除了在全国气象部门得到广泛应用外，已经在民航、水利、海洋、军队、学校等10个行业和部门应用，并捐赠巴基斯坦、蒙古、菲律宾、印度尼西亚、吉尔吉斯斯坦等17个国家应用，具备一定的推广基础。由于中国气象事业的体量大，对系统开发的需求也大，带动了社会企业在气象服务软件方面的开发。此外，各级气象部门及气象服务企业还开发了众多业务支持系统、专业气象服务系统及移动应用等。

3.1.4.2 信息技术发展迅速

互联网、大数据、云计算等新技术在中国发展迅速，出现了阿里巴巴、百度、腾讯等具有全球影响力的互联网企业，也出现了华为这样全球领先的信息技术企业。《国务院关于加快培育和发展战略性新兴产业的决定》（国发〔2010〕32号）也将新一代信息技术产业作为发展重点，目前中国已经在该领域取得一定优势。2015年

7月发布的《国务院关于积极推进"互联网+"行动的指导意见》明确指出，要通过"互联网+"把互联网的创新成果与经济社会各领域深度融合，要求积极发挥中国互联网已经形成的比较优势，加快推进"互联网+"发展，培育新兴业态和创新公共服务模式，微博、微信及各种移动应用的发展，已经为气象服务方式提供了强大的技术支撑。中国气象局也组织制定了气象信息化发展的一系列文件，并确定了"智慧气象"的发展方向，这些成果都将为"一带一路"气象服务的发展提供很好的技术支撑。

3.1.4.3 装备生产贸易积累深厚

中国作为世界工厂，在生产组织、贸易物流等方面都有很深厚的积累，有利于尽快在气象装备制造和输出方面打开局面。

3.1.4.4 气象教育培训体系完善

中国众多高等院校开展了气象相关教育培训，建立了包含天气、气候、应用气象、气象探测等多个方向完善的大气科学学科体系，每年气象毕业生达到数千人。此外还建立了成熟的继续教育体系，为气象部门管理干部、专业技术人员提供继续教育，并为亚洲区域及其他发展中国家培训气象业务及管理人员。

3.1.5 资源配套

3.1.5.1 整合国内外气象服务资源能力强

中国气象部门实行统一领导，分级管理，气象部门与地方人民政府双重领导，以气象部门领导为主的管理体制。整合气象业务和服务资源的能力强，有利于发挥全国气象系统的合力。由于中国幅员辽阔，天气和气候类型复杂，地方经济发展类型多样，地方气象部门通过多年的服务实践积累了具有地方特色的经验，这既有利于在国家层面上进行资源整合并有效服务"一带一路"沿线国家，也有利于地方气象部门发挥其地缘优势和特色技术优势。中国通过WMO区域气象培训中心，培育了一大批发展中国家的气象官员，也对第三世界国家提供了大量援助，建立了良好的伙伴关系，有利于整合国际资源、开展国际合作。

3.1.5.2 具有一定的国际化经验

气象部门在政府层面具有一定的国际化经验。气象部门重视与国内外业界领先机构、企业开展广泛合作，特别是中美合资公司的成立和运作实践，已经在技术、商务模式方面为中国向国际市场拓展提供了有益的借鉴。此外，通过承担 WMO 相关工作，向第三世界国家提供国际援助，履行大国责任，积累了丰富的国际化经验，具有较强的国际影响力。

3.1.5.3 专业技术人才储备充足

专业技术人才储备充足。中国人口数量庞大，且随着高等教育的快速发展，工程师数量全球排名第一，每年的气象类毕业生达到数千人，专业技术人才储备充足，这是未来支持“一带一路”气象服务的重要参与力量。

3.1.5.4 华人华侨是重要的依托力量

华人华侨遍布世界各地，在全球化背景下，他们都是未来实现“一带一路”气象服务的重要依托力量。

3.1.5.5 成本优势较为明显

虽然中国的人口红利已经逐渐弱化，但是与发达国家相比，中国的劳动力成本还处于低位，而且与部分“一带一路”沿线国家由于地域相近，有利于在装备输出、技术输出、服务输出、人才输出方面形成成本优势。

3.1.5.6 有大量成功的国际化经验可借鉴

在基建、制造业等诸多产业领域，中国企业有丰富的国际拓展经验，已经开展了大量国际合作项目，为气象伴随中国企业“走出去”奠定了良好的基础，而且已经积累了丰富的经验，同时其他行业在技术、商务模式方面的国际化经验也可为气象服务的国际拓展提供借鉴。

3.1.5.7 气象部门承担众多国际机构职责

中国气象局所属事业单位在很多国际机构中发挥责任和影响力。国家气象中心承担着世界气象组织区域专业气象中心（RSMC）和环境紧急响应中心（EERC）的任务，在放射性污染物扩散应急方面发挥重要作用，同时也是 THORPEX（全球观测系统研究与可预报性试验）亚洲 TIGGE（全球交互式大集合）中心；国家气候中心是世界气象组织亚洲区域气候中心、东亚季风活动中心、亚洲极端天气气候事件监测评估中心和全球长期预报产品中心，向世界气象组织成员国提供几十种气候和气候变化业务产品；国家卫星气象中心是全球地球观测组织（GEO）的全球卫星数据广播分发体系三个核心成员之一；中国气象局气象探测中心承担世界气象组织（WMO）亚洲区域仪器中心（RIC-北京）工作；气象干部培训学院是世界气象组织区域培训中心和WMO/CGMS虚拟实验室优秀中心，并为亚洲区域及其他发展中国家培训气象业务及管理人员。

3.1.5.8　强大的综合国力是气象服务国际化的重要保障

中国GDP全球第二，科技实力和综合国力明显提升，各国与中国的经济贸易连接紧密，有助于气象服务的拓展。另外，目前中央提出要坚持创新驱动发展战略，大众创业、万众创新的局面已经形成，新一轮的国企改革也已经拉开序幕，参与“一带一路”气象服务的动力正在涌动。随着中国经济的发展和越来越多的国际责任担当，中国的国际形象也越来越好。

3.2　劣势

3.2.1　预报预测水平有待提高

天气和气候预测时空分辨率和准确率仍有待提高，数值模式和资料再分析水平与国际先进水平仍有差距。另外，由于尚未建立面向精细化预报的基础资料交换网络和交换机制，缺少“一带一路”沿线国家的气象探测资料，与部分国家的本地气象服务机构相比可能处于劣势。

3.2.2　气象服务水平有待提升

服务覆盖范围不够广。过去中国的气象服务对大陆重视多，对海洋关注少，对国内关注多，对国外关注少，中尺度气象模式的覆盖范围不够大，面向国外的精细化服务产品不够丰富。

专业气象服务能力仍有待加强。主要是缺乏与行业的深度融合，对服务模式的深入挖掘不充分，服务针对性不强，服务附加值不高，市场竞争能力较弱。对专业气象服务技术的研发投入力度不够，缺少国际领先的服务产品，服务产品数量不少，但是水平普遍不高，缺少有国际影响力的产品。例如，远洋导航、航空服务等市场长期被国外服务商占据。

气象信息服务用户体验有待提升。虽然中国在电视、网络和移动应用方面产品很多，但是总体来看，服务内容较单一，对用户体验重视不足，尤其缺乏对用户需求和使用习惯的准确把握，服务效果有待提升。

3.2.3 市场运作水平不高

市场拓展能力不强。一直以来，中国的气象服务由政府主导，市场化程度较低，气象企业普遍没有国际市场拓展经验，不熟悉国际气象服务市场的规则，参与国际市场竞争的意识和能力都有待加强。国有气象服务机构，受体制机制约束，在市场环境中发展动力和能力都有明显短板；民营企业还处于起步阶段，国际化竞争能力较弱。气象部门所属企业，未来在提供国际化服务和商务运作方面存在劣势。

3.2.4 资源优势未充分发挥

气象部门内的资源优势没有充分发挥。虽然各省（区、市）均有自己的优势和特色，但由于属地化意识的存在，气象部门尚没有对地方的优势特色技术和做法进行充分整合，没有形成服务合力，也缺少高水平的技术和精品化的产品。气象系统所属服务机构多，但是体量小、力量分散、发展水平不高，参与市场的能力普遍较弱。就单个机构而言，很少具备参与国际市场的能力。

未能充分整合利用其他部门及社会的资源。气象部门与外部门在科研方面合作多，但是在服务方面合作少，没有通过充分借助社会资源的优势做到取长补短、优势互补，整合社会资源的能力还不强。

行业协会的作用尚未发挥。行业管理刚刚起步，行业内的组织、协调、沟通、管理机制尚不健全，没有形成有力的行业引领力和影响力，对于协同开展国际服务更缺少经验。

3.2.5 人才与管理水平存在短板

人才的多样性不足。由于历史和行业特点原因，气象部门的人员结构相对单一，主要是气象和工程类技术人才，经济、管理、商贸企业管理等方面的人才相对较少，尤其缺少国际化的经营管理和市场开发人才，这将会成为国际化发展的一个限制因素。

管理水平有待提升。现代管理制度尚未真正建立，气象技术和服务的标准化程度不高，气象服务质量保证水平不高，气象系统内取得 ISO9001 国际质量管理体系认证的机构少。

3.3 机遇

3.3.1 互联网和信息化发展为气象服务提供了新的机遇

互联网和信息化技术在全球范围内迅速发展。虽然发展程度不同，但是以移动互联网为主要特征的信息化发展趋势已经形成，并深刻改变着传统服务方式。对气象信息服务而言，要求气象预报更加客观、精细、准确，预报时效更长，预报更新速度更快，传统的数据采集方式和人工预报的方式将不能适应新形势的发展，高时空分辨率、高效率的数值天气预报将成为气象信息服务最为重要的基础，与此相配合，高覆盖的卫星探测资料应用、高时空分辨率的雷达资料应用、云计算、互联网服务客户端应用(尤其是移动客户端应用)等会更加重要。

3.3.2 全球气候变化对气象服务提出更高的要求

气候变化可导致极端事件的发生频率、强度、空间范围及持续时间发生改变，并可导致前所未有的极端事件，是当今国际社会共同面临的重大挑战。气候变化的影响又因为不同国家或地区经济发展水平、暴露度、脆弱性的不同，在适应能力、恢复能力和综合风险防范能力方面有很大不同，这也为应对气候变化相关服务提出很多需求，尤其是在气候变化脆弱性评估及气象灾害相关的综合风险防范方面(气象信息收集、决策、传播、预警发布、防灾动员等)。

在气候变化背景下，健康气象服务也将受到更多重视。柳叶刀气候变化与健康委员会于 2015 年在《柳叶刀》杂志发表的报告《健康与气候变化:保护公共健康的对策》指出，气候变化对全球健康威胁巨大，迅速应对气候变化是 21 世纪全球健康的最佳机会，不及时应对将使 20 世纪后半叶人类发展成果付诸东流，可以预见，健康气象服务将受到越来越多的重视。未来，气象服务将在服务人、保护人等方面发挥越来越重要的作用。妇女、儿童在气候变化中的脆弱性更加明显，因此，面向妇女、儿童的健康气象服务将尤为重要。

气候变化伴随着全球制造业的转移，这会给发展中国家造成严峻的环境威胁，印度、巴基斯坦、孟加拉国等都面临严重的空气污染问题，环境气象服务方面的需求会逐步出现。

3.3.3 设施联通需要气象服务支撑

基础设施互联互通的具体内容包括基础设施建设规划、国际骨干通道建设及基础设施绿色低碳化运营管理等，所涉及的气象服务涵盖气象探测、天气预报预警、气候预测及气候变化等多个方面。

交通基础设施（高速铁路、高速公路、港口、海上航线、空中航线）、能源基础设施（电站建设、可再生能源开发、输油输气管道安全、跨境电力与输电通道建设、区域电网升级改造、电力系统调度、电网设施防灾减灾）及电信基础设施（跨境光缆、洲际海底光缆）建设将成为“一带一路”道路联通的重点。可以预见，新成立的亚洲基础设施投资银行将对“一带一路”的基础设施建设给予有力的保障和支持，交通气象服务、能源电力气象服务、电信设施气象服务以及面向区域的基础设施规划气象服务、城市发展规划气象服务都将迎来重大发展机遇。从气象角度来看，既包括面向区域发展规划和重大工程建设的气候和气候变化服务（气候可行性论证服务），也包括面向工程运营、航线运行安全、管道运输安全的全天候、精细化气象预报预警服务。各种基础设施沿线的气象探测网络建设、搭载在交通工具上的气象监测设备及预警信号接收设备、跨国界对接的气象服务平台建设及与不同用户业务系统对接的专业气象服务系统开发等也都将迎来难得的市场机会。

此外，基础设施建设还将催生对气象监测网络建设的巨大需求，尤其是铁路、电力、电信基础设施建设，因为运维需要，一般都需要建设配套的气象观测网络。此外，部分国家因为目前经济发展水平低，气象基础设施落后，今后随着“一带一路”倡议的落地，其经济发展将提速，将会促进气象发展水平的提升，而这其中首先就是气象观测基础设施的提升。可以预见，“一带一路”沿线国家对气象观测系统的需求是巨大的。

3.3.4 贸易畅通需要气象服务支撑

贸易畅通将促进“一带一路”各国市场的进一步开放，拓展国家之间的相互投资领域。贸易畅通将进一步激发区域内的市场活力，市场竞争将进一步增强。市场参与主体要在激烈的竞争中获得竞争优势，必须放弃粗放式发展的老路，走精细化管理的新路，通过精细化管理实现对资源的有效利用，实现对各种内外部风险的有效管理，有效实现趋利避害。与天气、气候密切相关的行业将对气象服务产品种类及服务的精细化、准确度方面提出更高的需求。如工农业生产安排、仓储物流及电力交易等都需要更加精细准确的天气和气候信息。

农林牧渔业、农产品生产加工、海水养殖、远洋渔业、环保产业、海上旅游等方面的气象服务将迎来新的发展机遇。例如，在农业气象服务方面，大宗农作物产量预报、农业气象监测、农业气象预报、病虫害预报、极端天气预报预警、关键农时气象服务、智慧农业发展都会有越来越多的需求。

按照《愿景与行动》所提出的“在投资贸易中突出生态文明理念，加强生态环境、生物多样性和应对气候变化合作，共建绿色丝绸之路”的要求，生态环境相关的气象服务也将迎来重大机遇，如工程建设环境影响评价、气候资源保护、核电水电开发、空气质量预报、危险化学品扩散预警等，都会受到越来越多的重视。

3.3.5 民心相通需要气象服务支撑

民心相通将促进各国在文化、教育、旅游、医疗卫生等诸多领域的交流，并会促进域内国家之间的文化交流、学术往来、人才交流合作、媒体合作、青年和妇女交往、志愿者服务等，人员的国际流动将愈加频繁，对天气信息的需求也将极大扩展。在空间上将不再局限于一国之内，而是会逐步扩展到其他国家；在时间上也不会局限在 3 天之内，而是会拓展到未来 10 天、15 天乃至更长时间，以便于做出精确的行程安排。在民心相通的背景下，气象服务内容将不仅服务于第一、第二产业，还将进一步向第三产业拓展，其中面向国际用户的公众气象服务和旅游气象服务将尤其重要。气象信息传播的全媒体融合趋势，也会给影视气象服务带来新的发展机会，尤其是在内容制作及影视技术输出方面。

需要特别指出的是，“一带一路”沿线国家之间的民心相通并不意味着人们只在这些国家之间流动，而是一种全球化的流动，因此，未来对天气信息的提供也应该是全球的，传播气象信息及气象服务的语言必须要适应全球化发展。

3.3.6 全方位开放为气象服务创造新的机遇

“一带一路”气象服务将为各省（区、市）气象部门提供新的发展机遇，有利于地方气象部门发挥其地缘优势和特色技术优势。“一带一路”倡议丰富了中国对外开放的布局，对于以往在对外开放总体中呈现的“东强西弱、海强边弱”局面进行了适时的调整，特别是“丝绸之路经济带”的建设，不局限于中国自身的发展，不片面追求内陆地区的对外开放，应同时带动中国周边国家的发展，将中国的中西部地区与中亚、南亚等地区打造成为一个利益共同体，这在地域上为中国西部和南部的对外开放提供了新的机遇，并会促进西部和南部省份进一步加强气象现代化建设，推进气象事业的区域协调发展，有助于增强气象部门形成合力参与国际竞争的整体实力。

3.4 挑战

3.4.1 市场竞争风险

发达国家气象服务机构凭借已有的雄厚技术积累与固有优势，其成果和产品已经向全世界渗透，对包括中国在内的许多国家的气象服务格局产生了明显冲击。这是中国气象服务机构在参与“一带一路”气象服务的过程中，首先要面临的挑战，而且短期内中国在技术、品牌、国际化经验等方面都有较明显的短板。以色列、俄罗斯等“一带一路”沿线国家的气象服务机构也都具有较强的实力，不少国家（印度、巴基斯坦、孟加拉国、斯里兰卡、哈萨克斯坦、乌兹别克斯坦等）也都建立了较为完备的气象服务体系，其气象服务机构会有本土优势。

3.4.2 政策法律风险

气象信息与国防安全密切相关，有的信息非常敏感，而且不同国家由于地缘政治环境及文化的不同对气象信息的理解也不同，这会给“一带一路”气象服务带来一定风险，并有可能需要面临严苛的准入壁垒，例如，印度海军曾以中国雷达产品存在“安全”问题拒绝在其总部所在地安装中国多普勒雷达。

3.4.3 安全风险

南亚部分国家的社会包容性较低，存在一定的社会排斥。西亚部分国家政局不稳，伊拉克、叙利亚等暴力冲突增加，大量难民流入黎巴嫩和约旦。

3.4.4 文化差异风险

文化差异形成的风险。中国与其他地区在文化及由此形成的思维和行为方式方面均会有差异，而且这些差异还可能与民族主义和极端主义问题交织在一起。

3.5 小结

总体来看,中国气象服务机构具有服务“一带一路”沿线国家的基本能力,虽然在气象科技水平方面与发达国家有一定差距,但在某些服务领域或方向上仍然具有明显的特色或一定的优势,在公共基础支撑、公众气象服务、决策气象服务、专业气象服务及气象装备等方面具有一定的服务能力和市场竞争力。

第4章 “一带一路”气象服务需求和潜力

4.1 主要服务需求

按照“把握大趋势、瞄准大需求、抓住大市场”的思路，根据互联网和信息化的发展、全球气候变化以及“一带一路”政策沟通、道路联通、贸易畅通、货币流通和民心相通的气象服务需求，结合国内的气象服务实践，梳理提出了 26 个主要服务需求方向(表 4.1)。

表 4.1 主要服务需求方向

序号	服务需求方向	描述
1	数值模式	天气、气候
2	数值天气预报	中尺度数值天气预报
3	气象信息综合分析处理系统(MICAPS 系统)	计算机水平，搭载
4	灾害性天气预报	台风路径预报
5	气候预测服务	旱涝预测
6	卫星资料应用	风云卫星资料接收系统
7	雷达资料应用	雷达资料应用
8	气象装备输出	卫星、雷达、自动站等
9	灾害应急装备输出	电子显示屏、预警大喇叭、风云卫星预警终端等预警应急装备
10	气象观测解决方案	区域观测网络建设
11	区域气候变化评估	评估、预估
12	气象灾害风险管理	灾前管理、风险区划、评估、转移(保险)
13	人工影响天气	人工增雨、消雹
14	防雷技术服务	建筑物、电力系统电源保护
15	智能预警接收终端	手机 APP、网站、预警机等
16	气象影视服务	天气预报节目制作、技术、气象频道海外落地

续表

序号	服务需求方向	描述
17	交通(陆上)气象服务	公路、铁路、水运
18	交通(航空)气象服务	航空运输
19	海洋气象服务	渔业、资源、救援、港口运行
20	能源(风能、太阳能)气象服务	风能、太阳能等清洁能源利用
21	电力气象服务	规划设计、运行安全(设施、调度)等
22	农业气象服务	农业防灾减灾、保障农业生产、农产品贸易
23	仓储物流气象服务	消费品运输保障
24	旅游气象服务	旅游规划、旅游安全
25	环境气象服务	空气质量预报、各种污染扩散等
26	健康气象服务	健康风险管理

4.2 主要服务需求方向潜力评级

针对每一个气象服务需求方向,着重从需求的广度和社会、经济效益考虑,对其发展潜力和前景进行评估,并给出评级。评级考虑的指标有覆盖国家、覆盖人口、经济发展水平以及是否符合“一带一路”倡议重点,先对每项指标进行单独评级,随后按照一定权重对这4种要素进行加权平均,得到综合潜力评级。评级分为A、B两级,A级表示潜力大,B级表示潜力一般。

4.2.1 数值模式潜力

数值模式是天气预报、气候预测及气候变化预估的基本工具,是提高预报预测准确率和精细化水平的根本性方法,也是衡量一个国家气象现代化的重要指标。因此,数值模式既是体现中国气象基础支撑水平的标志,也是开展国际气象服务最重要的软件类基础设施。根据潜力评级指标各项评级情况,得到综合潜力评级为A级,潜力大,具体见表4.2。

表4.2 数值模式潜力评级

指标	描述	评级
覆盖国家	是服务的基础,覆盖100%的国家	A
覆盖人口	313 361.51万人,占比100%	A

续表

指标	描述	评级
人均 GNI 达中高收入水平的国家所占的比例	38 个,占比 59.38%	A
是否符合“一带一路”倡议重点	数值模式是开展“一带一路”气象服务的核心技术,也是关键的气象基础设施,非常符合“一带一路”倡议	A
综合潜力评级		A

4.2.2 数值天气预报潜力

数值天气预报信息是开展气象服务尤其是国际气象服务最关键的信息之一,既是重要的公共气象服务产品,也是开展专业气象服务的基础。数值天气预报时空分辨率和准确率的高低直接决定了一个国家气象科技和服务水平的高低。根据潜力评级指标各项评级情况,得到综合潜力评级为 A 级,潜力大,具体见表 4.3。

表 4.3 数值天气预报潜力评级

指标	描述	评级
覆盖国家	用途广泛,覆盖 100% 的国家	A
覆盖人口	313 361.51 万人,占比 100%	A
人均 GNI 达中高收入水平的国家所占的比例	38 个,占比 59.38%	A
是否符合“一带一路”倡议重点	现代化的气象服务离不开数值天气预报信息,非常符合“一带一路”倡议	A
综合潜力评级		A

4.2.3 MICAPS 系统潜力

MICAPS 系统(气象信息综合分析处理系统)是中国气象局自主开发的业务软件系统,是中国气象业务的基础软件。该系统第一次实现了中国预报业务流程从纸面为主的操作向以计算机为业务流程核心的现代化业务流程转变。该系统具有资料应用丰富、资料检索方式多样、数据适应性强、图形质量较高和软件结构开放灵活等特点。自 1999 年正式在全国气象业务中推广使用以来,MICAPS 系统已经成为气象部门的核心业务系统,并已经在其他行业(如电力行业)及其他国家得到应用。根据潜力评级指标各项评级情况,得到综合潜力评级为 A 级,潜力大,具体见表 4.4。

表4.4 MICAPS系统潜力评级

指标	描述	评级
覆盖国家	已有马来西亚、菲律宾、越南、马尔代夫、巴基斯坦、孟加拉国、乌兹别克、吉尔吉斯斯坦等国家交流使用MICAPS系统;新加坡、印度尼西亚、印度、以色列、土耳其、俄罗斯、白俄罗斯、埃及、中东欧等24国自有业务系统相对成熟,需求较弱;其余40国有合作可能,占比62.5%	A
覆盖人口	覆盖人口116 764万人,占比37.26%	B
人均GNI达中高收入水平的国家所占的比例	18个国家,占比28.13%	B
是否符合“一带一路”倡议重点	MICAPS系统是预报基础平台,且有利于与其他服务对接	A
综合潜力评级		A

4.2.4 灾害性天气预报潜力

灾害性天气事关人民生命财产安全。随着社会经济的发展,人口、生产资料等愈发集中,对天气的抵抗力逐渐下降,叠加上全球气候变化的影响,灾害性天气事件发生强度和频率都会发生变化,对灾害性天气预报的重要性逐渐凸显。根据潜力评级指标各项评级情况,得到综合潜力评级为A级,潜力大,具体见表4.5。

表4.5 灾害性天气预报潜力评级

指标	描述	评级
覆盖国家	服务需求广泛且非常重要,覆盖100%的国家	A
覆盖人口	313 361.51万人,占比100%	A
人均GNI达中高收入水平的国家所占的比例	38个,占比59.38%	A
是否符合“一带一路”倡议重点	符合	A
综合潜力评级		A

4.2.5 气候预测服务潜力

短期气候预测具有重大的经济和社会价值,也有很大的服务需求。但短期气候预测也是非常困难的科学难题和科学工程,因此,要做好气候预测服务是非常困难的,不过这也恰恰说明了气候预测服务的巨大潜力。根据潜力评级指标各项评级情况，得到综合潜力评级为A级，潜力大，具体见表4.6。

表4.6 气候预测服务潜力评级

指标	描述	评级
覆盖国家	需求广泛且重要，覆盖100%的国家	A
覆盖人口	313 361.51万人，占比100%	A
人均GNI达中高收入水平的国家所占的比例	38个，占比59.38%	A
是否符合“一带一路”倡议重点	符合	A
综合潜力评级		A

4.2.6 卫星资料应用潜力

气象卫星已经成为当代地球大气探测系统的中坚和骨干，气象卫星探测资料已经被广泛应用于天气分析、天气预报、数值天气预报、气候监测和短期气候预测。根据潜力评级指标各项评级情况，得到综合潜力评级为A级，潜力大，具体见表4.7。

表4.7 卫星资料应用潜力评级

指标	描述	评级
覆盖国家	马来西亚、印度尼西亚、菲律宾、越南、老挝、缅甸、柬埔寨、马尔代夫、巴基斯坦、乌兹别克、哈萨克斯坦、吉尔吉斯斯坦等42国已使用了卫星数据广播系统或成为卫星遥感数据服务网用户。“一带一路”沿线国家均可推进此项合作，占比100%	A
覆盖人口	313 361.51万人，占比100%	A
人均GNI达中高收入水平的国家所占的比例	38个，占比59.38%	A
是否符合“一带一路”倡议重点	符合	A
综合潜力评级		A

4.2.7 雷达资料应用潜力

天气雷达种类繁多，在灾害天气如雷暴、冰雹、台风等中尺度灾害天气监测和预测中发挥了巨大作用。目前，天气雷达资料在短期临近预报和数值预报中的作用越来越重要。根据潜力评级指标各项评级情况，得到综合潜力评级为A级，潜力大，具体见表4.8。

表4.8 雷达资料应用潜力评级

指标	描述	评级
覆盖国家	需求广泛且重要,覆盖100%国家	A
覆盖人口	313 361.51万人,占比100%	A
人均GNI达中高收入水平的国家所占的比例	38个,占比59.38%	A
是否符合“一带一路”倡议重点	符合	A
综合潜力评级		A

4.2.8 气象装备输出潜力

气象装备是开展气象探测的基础,简单的如温度计,复杂的如卫星、雷达,均属于气象装备。温家宝曾提出,中国气象事业要按照“四个一流”的标准推进气象现代化建设,而其中“一流装备”排在首位,足见其重要性。这里的气象装备包括要素监测仪器、传感器、雷达、防雷设备、建站设施、自动气象站、气象监测配套设施、软件等。根据潜力评级指标各项评级情况,得到综合潜力评级为A级,潜力大,具体见表4.9。

表4.9 气象装备输出潜力评级

指标	描述	评级
覆盖国家	新加坡、印度尼西亚、印度、以色列、土耳其、俄罗斯、白俄罗斯、埃及、中东欧等24国装备设施相对完善,需求较弱;其余40国均有输出可能,占比62.5%	A
覆盖人口	116 764万人,占比37.26%	B
人均GNI达中高收入水平的国家所占的比例	18个,占比28.13%	B
是否符合“一带一路”倡议重点	符合	A
综合潜力评级		A

4.2.9 灾害应急装备输出潜力

“一带一路”沿线各国自然灾害种类多,干旱、洪涝、地震、雷暴、冰雹、暴风和沙尘暴等重灾害多发。灾害发生后,抢险救援任务紧迫而繁重,分分秒秒都与人民生命财产安全密切相关,而气象装备则是抢险救援的基础。根据潜力评级指标各项的评级情况,得到综合潜力评级为A级,潜力大,具体见表4.10。

表 4.10 灾害应急装备输出潜力评级

指标	描述	评级
覆盖国家	64 个国家均有不同类型气象灾害或其他突发事件，需求率 100%	A
覆盖人口	313 361.51 万人，占比 100%	A
人均 GNI 达中高收入水平的国家所占的比例	38 个，占比 59.38%	A
是否符合“一带一路”倡议重点	符合	A
综合潜力评级		A

4.2.10 气象观测解决方案潜力

气象观测系统是获取气象信息的基础，也是开展气象服务最重要的基础设施，面对台风、暴雨、干旱、高温、寒潮、沙尘暴、雷电、雾等直接气象灾害，以及生态系统变化、环境和气候变化、水资源缺乏、清洁能源开发，均离不开气象观测。“一带一路”沿线各国气象服务的发展离不开气象观测系统的建设。根据潜力评级指标各项评级情况，得到综合潜力评级为 A 级，潜力大，具体见表 4.11。

表 4.11 气象观测解决方案潜力评级

指标	描述	评级
覆盖国家	新加坡、印度尼西亚、印度、以色列、土耳其、俄罗斯、白俄罗斯、埃及、中东欧等 24 国气象观测技术、设施体系健全，需求较弱；其余 40 国均有输出可能，占比 62.5%	A
覆盖人口	116 764 万人，占比 37.26%	B
人均 GNI 达中高收入水平的国家所占的比例	18 个，占比 28.13%	B
是否符合“一带一路”倡议重点	符合	A
综合潜力评级		A

4.2.11 区域气候变化评估潜力

在确定人类活动已经对全球气候系统产生显著影响的背景下，了解有关气候变化的事实、成因及其对环境和社会的影响，对于决策者而言日益重要。根据潜力评级指标各项评级情况，得到综合潜力评级为 A 级，潜力大，具体见表 4.12。

表 4.12 区域气候变化评估潜力评级

指标	描述	评级
覆盖国家	64 个国家，需求率 100%	A
覆盖人口	313 361.51 万人，占比 100%	A
人均 GNI 达中高收入水平的国家所占的比例	38 个，占比 59.38%	A
是否符合“一带一路”倡议重点	符合	A
综合潜力评级		A

4.2.12 气象灾害风险管理潜力

气象灾害风险管理指人类为了规避气象灾害进行优化决策和采取相应的行动，包括气象灾害风险识别、估计、评价、控制和效果评价等环节。气象灾害风险管理的核心是降低气象灾害的损失，即在风险事件发生前，预见将来可能发生的损失，并加以防范，或者预期灾害事件发生后可能造成的损失，制定减少灾害损失的应急管理办法，它是对气象灾害的一种综合性管理。根据潜力评级指标各项评级情况，得到综合潜力评级为 A 级，潜力大，具体见表 4.13。

表 4.13 气象灾害风险管理潜力评级

指标	描述	评级
覆盖国家	越来越重要，覆盖 100%的国家	A
覆盖人口	313 361.51 万人，占比 100%	A
人均 GNI 达中高收入水平的国家所占的比例	38 个，占比 59.38%	A
是否符合“一带一路”倡议重点	符合	A
综合潜力评级		A

4.2.13 人工影响天气潜力

人工影响天气是指在适当的条件下，通过人工干预，使天气过程向符合人类愿望的方向发展。人工影响天气主要包括人工增雨和人工消雹，也可以扩展到人工消雨、消雾、防霜、引雷等方面。根据潜力评级指标各项评级情况，结合人工影响天气的主要内容及区域基本气候条件，得到综合潜力评级为 B 级，潜力一般，具体见表 4.14。

表 4.14　人工影响天气潜力评级

指标	描述	评级
覆盖国家	蒙古、泰国、越南、缅甸、柬埔寨、印度、巴基斯坦、哈萨克斯坦、乌兹别克斯坦、塔吉克斯坦、吉尔吉斯斯坦、以色列、格鲁吉亚、巴勒斯坦、亚美尼亚、叙利亚、也门、阿富汗、埃及，占比约 30%	B
覆盖人口	275 399.2 万人，占比 87.9%	A
人均 GNI 达中高收入水平的国家所占的比例	3 个国家，占比 15.8%	B
是否符合“一带一路”倡议重点	符合	A
综合潜力评级		B

4.2.14　防雷技术服务潜力

雷电会对生活和生产造成不利影响。尤其是在雷电多发地区，随着城市化发展，雷电灾害导致的事故更是时有发生。雷电事故具有难以预料、突发多发、损失严重等特点，因此，防雷技术服务对于保障人民生命财产安全具有重要意义。根据潜力评级指标各项评级情况，结合防雷技术服务的主要内容及区域基本气候条件，得到综合潜力评级为 B 级，潜力一般，具体见表 4.15。

表 4.15　防雷技术服务潜力评级

指标	描述	评级
覆盖国家	雷电灾害多发国家有印度尼西亚、柬埔寨、不丹、尼泊尔	B
覆盖人口	60 164 万人，占比 19.2%	B
人均 GNI 达中高收入水平的国家所占的比例	0	B
是否符合“一带一路”倡议重点	符合	A
综合潜力评级		B

4.2.15　智能预警接收终端潜力

智能预警接收终端是决定气象预报预警信息的最后一个环节，直接决定了气象服务是否能够到达用户。过去，广播、电视是气象信息传播的终端，而如今随着移动互联网的发展，移动和智能的接收终端则越来越重要，用户也越来越多，已经成为未来的发展方向。根据潜力评级指标各项评级情况，得到综合潜力评级为 A

级，潜力大，具体见表 4.16。

表 4.16 灾害预警接收终端潜力评级

指标	描述	评级
覆盖国家	64 个国家对智能化的预警信息接收终端具有很高的需求，需求率达到 100%	A
覆盖人口	313 362 万人，占比 100%	A
人均 GNI 达中高收入水平的国家所占的比例	38 个，占比 59.38%	A
是否符合“一带一路”倡议重点	符合	A
综合潜力评级		A

4.2.16 气象影视服务潜力

影视依然是最重要的气象信息传播载体之一，美国、中国等都有专门的气象频道。电视的视觉冲击力很强，对灾害天气前期、中期和后期进行现场追踪直播的效果非常明显，从这个角度讲，其影响力也是其他类型媒体所无法比拟的。根据潜力评级指标各项评级情况，得到综合潜力评级为 A 级，潜力大，具体见表 4.17。

表 4.17 影视气象服务潜力评级

指标	描述	评级
覆盖国家	有很大的用户群体，覆盖率可达 100%	A
覆盖人口	313 362 万人，占比 100%	A
人均 GNI 达中高收入水平的国家所占的比例	38 个，占比 59.4%	A
是否符合“一带一路”倡议重点	符合，但未直接体现	B
综合潜力评级		A

4.2.17 交通（陆上）气象服务潜力

随着经济全球化、气候变化及汽车的普及化，天气原因给公路交通带来的影响越来越明显。随着“一带一路”沿线国家经济的发展和基础设施水平的提升，以及域内国家间的合作和交流的增加，公路气象服务需求也将逐渐增加。根据潜力评级指标各项评级情况，得到综合潜力评级为 A 级，潜力大，具体见表 4.18。

表 4.18 交通(陆上)气象服务潜力评级

指标	描述	评级
覆盖国家	除东帝汶、孟加拉国外(畜牧业为主,交通基础设施落后),其余 62 国全覆盖,占比约 97%	A
覆盖人口	297 243 万人,占比 95%	A
人均 GNI 达中高收入水平的国家所占的比例	36 个,占比 58.06%	A
是否符合“一带一路”倡议重点	符合	A
综合潜力评级		A

4.2.18 交通(航空)气象服务潜力

航空飞行与气温、气压、风、能见度等气象要素或天气现象关系密切,例如气温会影响飞机的载重,气压会影响飞机仪表高度调配,风会影响飞机起飞及航行速度等。此外,还有很多影响飞行安全的恶劣天气,如雷暴、垂直风切变、下击暴流等,对飞机的危害极大。因此,航空气象服务的关注度高、安全要求高、影响面大,是所有专业气象服务里面最受重视的方向之一。随着“一带一路”倡议的推进,域内国家之间的交流将日益频繁,对航空气象服务的需求将日益增加。根据潜力评级指标各项评级情况,得到综合潜力评级为 A 级,潜力大,具体见表 4.19。

表 4.19 交通(航空)气象服务潜力评级

指标	描述	评级
覆盖国家	除东帝汶、孟加拉国外(畜牧业为主、交通基础设施落后),其余 62 国全覆盖,占比约 97%	A
覆盖人口	297 243 万人,占比 95%	A
人均 GNI 达中高收入水平的国家所占的比例	36 个,占比 58.06%	A
是否符合“一带一路”倡议重点	符合	A
综合潜力评级		A

4.2.19 海洋气象服务潜力

海上运输、远洋渔业及海洋资源开发等均面临着海上极端天气的威胁,随着国家间贸易交流日益频繁,相关气象服务的需求也将日益增长。以海洋气象导航为例,中国(含香港、台湾)共有商船近 9 000 艘,加之渔船、军舰、海洋平台等各类舰船共计几十万艘，保守估计每年所需提供的气象导航服务上万艘次。“一带一路”沿线国家有不少都毗邻海洋，对海洋气象服务的总需求很大。根据潜力评级指标各项评级情况，得到综合潜力评级为 A 级，潜力大，具体见表 4.20。

表 4.20 海洋气象服务潜力评级

指标	描述	评级
覆盖国家	新加坡、文莱、马来西亚、泰国、东帝汶、印度尼西亚、菲律宾、越南、马尔代夫、斯里兰卡、印度、孟加拉国、土耳其、安曼、捷克、斯洛伐克、埃及等 17 个国家，占比 26.56%	B
覆盖人口	211 595 万人，占比 67.5%	A
人均 GNI 达中高收入水平的国家所占的比例	9 个，占比 14%	B
是否符合“一带一路”倡议重点	符合	A
综合潜力评级		A

4.2.20 能源(风能、太阳能)气象服务潜力

绿色发展已经成为 21 世纪的主旋律，清洁能源必将成为人类社会发展的主要能源。近年来，在全球范围内，以风能、太阳能为代表的清洁能源发展迅速，规模急速扩展，与此相关的资源评估、功率预测、灾害风险管理等气象服务也随之蓬勃发展。根据潜力评级指标各项评级情况，得到综合潜力评级为 A 级，潜力大，具体见表 4.21。

表 4.21 能源(风能、太阳能)气象服务潜力评级

指标	描述	评级
覆盖国家	覆盖 100%的国家	A
覆盖人口	313 361.51 万人，占比 100%	A
人均 GNI 达中高收入水平的国家所占的比例	38 个，占比 59.38%	A
是否符合“一带一路”倡议重点	符合	A
综合潜力评级		A

4.2.21 电力气象服务潜力

电力是整个社会经济的命脉，也是人民日常生活不可或缺的要素，而电力设施多在露天环境之下，对天气等外部环境非常敏感，大风、冰雪、冻雨、强降水、雷电、雾、霾等天气均可能引发线路跳闸、断线、舞动、闪络、通信中断等事故，严重情况下

还会造成塔架的倒塌。在全球变暖的背景下，极端天气气候事件发生的频率和强度有所增强，其所导致的电网事故也频频发生，不仅给电网造成了很大的损失，也对社会经济造成了很大的影响，例如，2008 年初中国发生了大范围冰冻雨雪和冰冻天气过程，造成电网直接经济损失超过 150 亿元。根据潜力评级指标各项评级情况，得到综合潜力评级为 A 级，潜力大，具体见表 4.22。

表 4.22　电力气象服务潜力评级

指标	描述	评级
覆盖国家	覆盖 100%的国家	A
覆盖人口	313 361.51 万人，占比 100%	A
人均 GNI 达中高收入水平的国家所占的比例	38 个，占比 59.38%	A
是否符合“一带一路”倡议重点	符合	A
综合潜力评级		A

4.2.22　农业气象服务潜力

民以食为天，农业关系到吃饭问题。在所有的自然灾害中，气象灾害占了 70%以上，其中 60%为农业气象灾害。另外，气候变化可能加剧农业生产的脆弱性，使农业生产的不稳定性增加，农业生产布局和结构出现变动，并可能增加农业成本和投资。因此，农业气象服务一直是中国气象服务的重点之一，也理应是“一带一路”气象服务的重点之一，尤其是在域内有不少农业国家的情况下。根据潜力评级指标各项评级情况，得到综合潜力评级为 A 级，潜力大，具体见表 4.23。

表 4.23　电力气象服务潜力评级

指标	描述	评级
覆盖国家	越南、老挝、缅甸、斯里兰卡、不丹、印度、巴基斯坦、孟加拉国、尼泊尔、吉尔吉斯斯坦、阿富汗、亚美尼亚、巴勒斯坦、叙利亚、摩尔多瓦、埃及等 16 个国家以农业为支柱性产业，主要集中在南亚和西亚地区。蒙古、泰国、东帝汶、菲律宾、柬埔寨、乌兹别克斯坦、塔吉克斯坦、阿拉伯联合酋长国、以色列、沙特阿拉伯、阿塞拜疆、伊朗、格鲁吉亚、波兰、匈牙利、罗马尼亚、保加利亚、塞尔维亚、马其顿、俄罗斯联邦、白俄罗斯、卡塔尔、哈萨克斯坦、也门等 24 个国家农业有一定基础或者未来是重点支持发展农业。共 40 个国家，占比 62.5%	A

续表

指标	描述	评级
覆盖人口	262 153.31万人，占比83.7%	A
人均GNI达中高收入水平的国家所占的比例	16个，占比40%	B
是否符合“一带一路”倡议重点	符合	A
综合潜力评级		A

4.2.23 仓储物流气象服务潜力

经济全球化的一个重要特征是，资源配置已经从一个地区、一个国家扩展到了整个世界，仓储物流在国际贸易和全球资源配置中的作用越来越大。仓储物流不仅与市场相关，而且还受天气气候条件的影响，因此，仓储物流相关的气象服务也日益受到重视，尤其是在全球贸易中心和新兴发展中国家。根据潜力评级指标各项评级情况，结合各国的产业结构等特点，得到仓储物流气象服务综合潜力评级为B级，潜力一般，具体见表4.24。

表4.24 仓储物流气象服务潜力评级

指标	描述	评级
覆盖国家	新加坡、马来西亚、泰国、越南、印度、阿曼、土耳其、斯洛文尼亚、爱沙尼亚、斯洛伐克、俄罗斯等11个国家，占比17.2%	B
覆盖人口	168 040万人，占比53.6%	B
人均GNI达中高收入水平的国家所占的比例	9个，占比14%	B
是否符合“一带一路”倡议重点	符合	A
综合潜力评级		B

4.2.24 旅游气象服务潜力

气象条件是影响旅游安全和旅游质量的重要因素。适宜的气象条件可以为旅游活动提供便利，不利的气象条件往往会对旅游者交通出行、景区观赏等产生不利影响，灾害性天气会给旅游风景区的游客、从业人员带来威胁。另外，随着社会文明程度的提高，人们出行的计划性也在增强，对气象服务的需求也在增加。根据潜力评级指标各项评级情况，结合各国的产业结构等特点，得到旅游气象服务综合潜力评级为A级，潜力大，具体见表4.25。

表4.25 旅游气象服务潜力评级

指标	描述	评级
覆盖国家	蒙古、新加坡、文莱、马来西亚、泰国、印度尼西亚、菲律宾、越南、老挝、缅甸、柬埔寨、马尔代夫、斯里兰卡、不丹、印度、尼泊尔、科威特、阿拉伯联合酋长国、以色列、巴林、阿曼、土耳其、黎巴嫩、阿塞拜疆、伊朗、伊拉克、约旦、巴勒斯坦、斯洛文尼亚、捷克、拉脱维亚、立陶宛、波兰、克罗地亚、匈牙利、罗马尼亚、保加利亚、黑山、塞尔维亚、马其顿、波斯尼亚和黑塞哥维那、阿尔巴尼亚、俄罗斯联邦、白俄罗斯、乌克兰、埃及，占比46.72%	A
覆盖人口	258 347.7万人，占比82%	A
人均GNI达中高收入水平的国家所占的比例	32个，占比70%	A
是否符合“一带一路”倡议重点	符合	A
综合潜力评级		A

4.2.25 环境气象服务潜力

对于新兴发展中国家而言，经济发展往往伴随着环境的污染，化学工业的发展也会增加有毒、有害污染物扩散的风险。服务“一带一路”沿线国家，绿色发展是关键。另外，随着人们生活质量的提高，认识也在发生变化，人们不仅追求物质的丰富多彩，更希望呼吸新鲜空气、沐浴温暖阳光。人们目前广为关心的环境质量问题，许多与气象条件的关系十分密切，如空气污染与大气扩散条件密切相关。空气质量预报、扩散条件预报、有害化学物质扩散等都属于环境气象服务的范畴。根据潜力评级指标各项评级情况，得到环境气象服务的综合潜力评级为A级，潜力大，具体见表4.26。

表4.26 环境气象服务潜力评级

指标	描述	评级
覆盖国家	覆盖100%的国家	A
覆盖人口	313 361.51万人，占比100%	A
人均GNI达中高收入水平的国家所占的比例	38个，占比59.38%	A
是否符合“一带一路”倡议的重点	符合	A
综合潜力评级		A

4.2.26 健康气象服务潜力

极端天气气候事件(如热浪、风暴、洪水等)、气候变化、大气污染等都会直接或间接影响人类健康。例如，有研究指出，由于气候变暖，全球受疟疾影响的范围将从1990年的45%增加到2100年的60%，平流层臭氧的减少可能会导致免疫力下降等。因此，基于气象、环境与健康关系机理的健康气象服务将会越来越重要。根据潜力评级指标各项评级情况，得到健康气象服务的综合潜力评级为A级，潜力大，具体见表4.27。

表4.27 健康气象服务潜力评级

指标	描述	评级
覆盖国家	覆盖100%的国家	A
覆盖人口	313 361.51万人，占比100%	A
人均GNI达中高收入水平的国家所占比例	38个，占比59.38%	A
是否符合“一带一路”倡议的重点	符合	A
综合潜力评级		A

4.3 小结

基于以上分析可见，在根据中国气象服务的实践情况梳理出的26个服务方向中，有23个的潜力评级达到了A级，在“一带一路”气象服务中具有大的发展潜力，只有仓储物流气象服务、防雷技术服务和人工影响天气的潜力评级为B级，即发展潜力一般，并非这3个气象服务方向不重要，而是其服务空间相对较小，服务的人群有限，而这又是“一带一路”沿线国家的产业结构、气候条件及发展现状决定的。

需要说明的是，在潜力评级的过程中，为尽可能客观，这里选择了覆盖国家、覆盖人口、中高收入国家所占比例、是否符合“一带一路”倡议等进行分析，但实际上仍然免不了受到主观意识的影响，也不可避免地会因为资料不完整造成分析的偏差。

第5章 中国参与“一带一路”气象服务基础与能力

5.1 指标选择及方法

潜力不等于服务能力，潜力大并不等于一定可以有所作为。参与“一带一路”气象服务，重点是市场导向，而参与市场的核心则是服务能力，通俗地说即竞争力。本书第4章分析了26个气象服务方向的发展潜力，本章将着重对中国在每一个服务方向上的竞争力进行分析，以便做到知彼知己。重点从技术、市场、实践经验等多个维度，在“一带一路”和“全球”两个层面进行横向比对分析，并给出单个指标竞争力评级和综合竞争力评级。

竞争力评级选取的指标有核心技术(细分为2项，分别为与“一带一路”沿线国家相比的核心技术及与全球相比的核心技术，并在本章表格中分别用核心技术1和核心技术2代表)、国内经验、国际经验、市场化程度(可选)、是否承担国际机构职能、产业配套(是否自主、先进，装备、IT等)、综合竞争力评级等7项。与潜力评级一致，竞争力评级也先对每项指标进行单独评级，随后对这7种要素评级进行综合，得到综合竞争力评级。评级也分为A、B两级，A级表示竞争力较强，B级表示竞争力一般。7种要素中至少有4项达到A级，综合评级则为A级；7种要素中少于4项达到A级，综合评级则为B。

5.2 竞争力评级

5.2.1 数值模式竞争力

数值模式的综合竞争力评级为A级，竞争力较强，具体见表5.1。

表 5.1　数值模式竞争力评级

指标	描述	优势	劣势	评级
核心技术 1	核心技术包括动力热力过程描述、关键物理过程参数化、资料同化技术、高效并行计算技术、集合预报技术等	是全球为数不多的具有数值预报业务体系和技术自主研发能力和创新能力的国家；具有“风云”卫星资料的支持	缺少他国地面观测资料及探空资料	A
核心技术 2	ECMWF 数值预报水平居世界领先地位；全球预报模式方面，中国可业务化的模式分辨率较低，垂直层数较少，同化技术相对落后；区域模式方面，中国的业务化模式分辨率较粗，垂直层数少于欧美国家，每天的运行次数也较少；数值预报技术距离国际先进水平仍有较大差距	中国的观测资料可以用于提升周边国家的预报水平；中国天气气候类型多样，各省（区、市）气象局的区域预报经验，可以移植到临近国家或地区	卫星资料同化技术亟待提高；基于数值预报系统的资料再分析工作基础相当薄弱；高时空分辨率卫星和雷达等观测信息，在天气分析预报中的综合应用和定量应用技术非常欠缺；延伸期预报原理尚没有取得理论认识上的突破	B
国内经验	全球模式 T639、全球区域一体化数值预报模式 GRAPES 均实现业务化运行；模式结果已在天气预报及专业气象服务中得到应用	有完善的业务体系，模式运行稳定，资料获取便捷，安全性好；区域中心运行的模式各有优势，更适合区域天气气候特点；模式效果已经在专业气象服务中得到检验，证明可用；国内水平最高，最权威	缺少吸引一流人才的机制	A
国际经验	提供全球产品	跻身八大世界气象中心	开放度不够；网络传输能力有限	B
市场化程度	主要是气象部门业务使用	需求逐步显现；企业开始搭建自己的数值模式系统用于生产服务	开发人员不了解市场需求；没有建立市场导向的开发和转化机制	B
是否承担国际机构职能	WMO 全球产品中心；亚洲区域气候中心	承担 WMO 国际中心职责	无明显劣势	A

续表

指标	描述	优势	劣势	评级
产业配套	计算设备、云计算、大数据、互联网技术、气象监测设备等	计算机硬件优势;互联网、大数据技术相对优势;气象监测设备的大规模生产能力	气象检测设备的国际认可度不高	A
综合竞争力评级				A

5.2.2 数值天气预报竞争力

数值天气预报的综合竞争力评级为B级,竞争力较弱,具体见表5.2。

表5.2 数值天气预报竞争力评级

指标	描述	优势	劣势	评级
核心技术1	数值预报技术、降尺度技术、统计订正技术等	时间上,已经开发出从逐分钟至45天预报的产品;空间上,已可以预报到任意点位;订正技术在市场服务中得到应用;有自主研发能力	准确率和可用时效有待提高;精细化产品尚不能覆盖整个"一带一路"区域;缺少域内国家实测资料,统计订正技术难以应用	A
核心技术2	欧、美、日等的预报产品水平领先于中国	中国与"一带一路"国家相邻,中国观测资料可以用于提升周边国家的模式预报水平;中国各省(区、市)气象局的数值预报产品具有区域优势,在临近国家有竞争优势	模式产品分辨率较粗,垂直层数少于欧美国家的业务模式,每天运行次数也相对较少;与国外的业务水平有一定差距	B
国内经验	属基本气象业务;在专业气象服务中发挥重要作用	气象部门国内水平最高,最权威;出现社会化趋势	网络流量受限,难以保障对外服务	A
国际经验	提供全球产品,但是认可度不高	全球基础产品	缺少国际认可	B
市场化程度	主要是气象部门业务使用;气象部门正在向市场服务拓展;社会力量刚刚开始参与	在专业气象服务领域已经形成市场化服务的局面	缺少市场需求导向机制;缺少公立部门与私营企业的协同机制	B

续表

指标	描述	优势	劣势	评级
是否承担国际机构职能	WMO 全球产品中心；亚洲区域气候中心	承担 WMO 国际中心职责	无明显劣势	A
产业配套	计算设备、存储设备、云计算、大数据、互联网技术、网络带宽等	计算机硬件优势；互联网、大数据技术相对优势	互联网带宽不足	B
综合竞争力评级				B

5.2.3　MICAPS 系统竞争力

MICAPS 系统的综合竞争力评级为 A 级，竞争力较强，具体见表 5.3。

表 5.3　MICAPS 系统竞争力评级

指标	描述	优势	劣势	评级
核心技术 1	专业化、数据处理能力、产品生成能力	MICAPS 数据处理层次清晰、结构合理，实现产品生成、检索应用等多种功能；将预报员成熟的概念模型运用其中，部分取代人工分析	基础性数据资源整合、融合能力有待增强	A
核心技术 2	智能化	实现各种天气实况和预报资料的快速显示和人机交互分析，支持高分辨率的天气实况以及预报资料；提供更加丰富多样的数据表现形式	大数据技术的引入和应用尚不充分	A
国内经验	在业务中广泛应用	运行稳定，表现良好，发挥了重要的作用。MICAPS 的基本框架已开发完成，已在中央气象台和各省(区、市)气象局应用	技术在社会机构中的推广和使用	A

续表

指标	描述	优势	劣势	评级
国际经验	已有马来西亚、菲律宾、越南、马尔代夫、巴基斯坦、孟加拉国、乌兹别克、吉尔吉斯斯坦等国使用 MICAPS 系统	有对外援助经验,实践运用基础好	未形成较为广泛的国际需求	A
市场化程度	由气象部门开发,并当作基础业务系统使用	无明显优势	没有市场运作	B
是否承担国际机构职能	世界气象组织资料收集或处理中心	承担国际机构职能	无明显劣势	A
产业配套	成熟的系统软件开发技术作为支撑,产业链条完整	国内软件开发能力强,计算机运算技术水平高	跨国系统维护能力需要全面升级	A
综合竞争力评级				A

5.2.4 灾害性天气预报竞争力

灾害性天气预报的综合竞争力评级为 B 级,竞争力较弱,具体见表 5.4。

表 5.4 灾害性天气预报竞争力评级

指标	描述	优势	劣势	评级
核心技术 1	拥有自主研发的数值预报模式和数值预报技术,预报员经验丰富。核心技术现状:中国台风 24 小时路径预报误差:82 千米,国际为 60 千米;台风 24 小时强度预报误差:4.4 米/秒,国际为 4.0 米/秒;暴雨 24 小时预报准确率:0.166,国际为 0.31;暴雨 48 小时预报准确率:0.141,国际为 0.24;气象灾害风险预警准确率:0.62	灾害性天气预报准确率具有优势;台风路径预报达到国际先进水平	对域内国家的天气气候特点了解不深	A

续表

指标	描述	优势	劣势	评级
核心技术2	暴雨24小时预报准确率：0.166，国际为0.31；暴雨48小时预报准确率：0.141，国际为0.24；气象灾害风险预警准确率：0.62	台风路径预报水平达到国际先进水平	核心模式水平和国外发达国家有一些差距；对雷达、卫星等资料的利用效率不高	B
国内经验	近几十年，国务院高度重视防灾减灾工作，出台了《气象灾害防御条例》等系列相关法规和制度及指导意见，建立了比较完善的气象防灾减灾体制和机制，随着灾害性天气预报技术和准确率的提高，有效提高了包括气象灾害在内的自然灾害监测、预警、应急、救助能力	国内权威	与行业的结合不紧密，对影响的关注不够	A
国际经验	主要停留在合作建站基础上，较少开展灾害性天气预报合作	有国际援助经验	缺乏市场化服务的实践经验	B
市场化程度	气象部门主导	无明显优势	基本无此类商业服务	B
是否承担国际机构职能	WMO全球产品中心；亚洲区域气候中心	世界八大气象中心之一	无明显劣势	A
产业配套	建成了国家预警信息发布平台	有自主研发的模式和观测设备，灾害预警信息发布体系完善	资料共享不够，对影响的关注不够	B
综合竞争力评级				B

5.2.5 气候预测服务竞争力

气候预测服务的综合竞争力评级为A级，竞争力较强，具体见表5.5。

表5.5 气候预测服务竞争力评级

指标	描述	优势	劣势	评级
核心技术1	中国的全球气候系统数值模式分辨率为110千米；预测准确率为0.12	气候中心常年开展气候预测服务，有专门的机构及人才队伍	模式的比较优势低	A
核心技术2	国际先进的模式分辨率为10千米；预测准确率为0.22	北京气候中心（BCC）被WMO认定为亚洲区域气候中心；能够提供区域和月、季、年时间尺度气候系统监测、预测和影响评估产品	分辨率低	B
国内经验	长期开展	有业务产品及服务能力	无明显劣势	A
国际经验	相对较丰富	相关国际交流合作频繁，在东亚太平洋区域经验丰富	缺少为他国开展气候预测的经验	A
市场化程度	决策服务为主	开始尝试气候数据在金融、保险等领域的运用	市场化产品不多	B
是否承担国际机构职能	亚洲极端事件监测中心、东亚季风活动中心	常年开展国际合作交流	无明显劣势	A
产业配套	自主	自有模式研发不断投入及改进	相对缺乏	B
综合竞争力评级				A

5.2.6 卫星资料应用服务竞争力

卫星资料应用服务的综合竞争力评级为B级，竞争力较弱，具体见表5.6。

表5.6 卫星资料应用服务竞争力评级

指标	描述	优势	劣势	评级
核心技术1	监测范围、分辨率、区域应用领域、数据分析运用	截至2017年底，中国已形成9颗卫星在轨稳定运行的业务布局，包括5颗静止卫星和4颗极轨卫星，形成了"多星在轨、统筹运行、互为备份、适时加密"的业务运行模式，成为与美国、欧盟并列的同时拥有静止和极轨两个系列业务化气象卫星的三个国家（地区）之一。中国气象卫星的技术水平、运行稳定性和寿命、应用能力等都有了重大突破，接收和利用"风云"系列卫星资料及产品的用户已超过2 500个，遍及亚洲、欧洲、美洲、非洲、大洋洲等70多个国家和地区	资料应用不充分	A
核心技术2	区域应用领域监测	针对性强、应用领域广	气象卫星观测水平与国际水平有一定差距；气象卫星资料同化量占比40%，与国际先进水平（95%）差距较大；气象卫星观测水平、卫星微波和红外定标精度、卫星可见和近红外定标精度水平有差距。对气象卫星资料的应用能力与国际上还有一定的差距	B
国内经验	内容涉及天气、火情、台风、沙尘暴、大雾、水体、蓝藻、火山、空间天气监测等广泛内容。业务化水平高，应用能力逐步提高	技术及硬件设施支撑能力不断增强	社会化应用不足	A

续表

指标	描述	优势	劣势	评级
国际经验	卫星数据广播系统已经在多国交流应用	纳入全球对地观测业务卫星序列,目前接收和应用“风云”系列气象卫星资料的国家和地区达70余个,覆盖“一带一路”沿线近42个国家	合作不够深入,数据应用水平有待提高	B
市场化程度	主要由国家气象部门业务建设及应用	硬件基础好	市场应用不足	B
是否承担国际机构职能	否	无明显优势	无明显劣势	B
产业配套	软件开发、资料应用等能力	硬件生产产业链条基础好	数据应用开发未形成规模	B
综合竞争力评级				B

5.2.7 雷达资料应用服务竞争力

雷达资料应用服务的综合竞争力评级为B级,竞争力较弱,具体见表5.7。

表5.7 雷达资料应用服务竞争力评级

指标	描述	优势	劣势	评级
核心技术1	灾害性天气自动识别和自动产生天气警报的能力;定量估测降水准确率;新一代天气雷达通过测量接收回波相位变化确定回波移动速度和移动方向,在测定云和降水回波强度的同时,应用多普勒技术还可获取大气风场和湍流信息	监测范围、灾害识别能力、空间分辨率具有一定的比较优势;拥有世界上规模最大的天气雷达观测网,对区域范围内天气现象监测能力强。具有灾害性天气自动识别和自动产生天气警报的能力。新一代天气雷达采用全相参技术体制,通过测量接收回波相位变化得知回波的移动速度和移动方向,在测定云和降水回波强度的同时,应用多普勒技术获取大气风场等	对人工智能技术的应用有待深化	A

续表

指标	描述	优势	劣势	评级
核心技术 2	定量估测降水准确率	雷达相关硬件处于国际领先水平	资料应用技术有待提高;资料应用效率不高	B
国内经验	中国气象局从 20 世纪 90 年代中期开始规划新一代天气雷达网,经过 10 多年建设,已在重点防汛区、暴雨多发区和沿海、省会城市建设 178 部新一代天气雷达,在人口聚居地的覆盖率达 90%左右。新一代天气雷达实现 6 分钟一次数据实时传输和全国及区域联网拼图,提高了台风、暴雨、冰雹等灾害性天气的监测、预报、预警能力	短时临近预报的基础	资料传输和应用效率不高	A
国际经验	天气雷达技术性能已达世界领先水平;目前有超过 100 部天气雷达在国内外得到应用,并已进入罗马尼亚、韩国、印度、美国等市场	国际领先的雷达制造商	资料主要覆盖本国,应用水平不高	A
市场化程度	雷达生产市场化;应用普遍	硬件设备生产配套完善	观测数据尚未完全向社会开放	B
是否承担国际机构职能	否	无明显优势	无明显劣势	B
产业配套	数据管理能力、互联网	数据收集、整理系统健全	数据管理及互联网带宽有待提升	B
综合竞争力评级				B

5.2.8　气象装备应用服务竞争力

气象装备应用服务的综合竞争力评级为 B 级,竞争力较弱,具体见表 5.8。

表 5.8　气象装备应用服务竞争力评级

指标	描述	优势	劣势	评级
核心技术 1	产业配套能力，自主核心技术，产品适用性。天气雷达观测水平、气象卫星观测水平、卫星微波和红外定标精度、卫星可见和近红外定标精度、高性能计算机峰值运算能力	制造技术成熟，产品体系健全	品质有待提升	A
核心技术 2	天气雷达技术性能已达到世界领先水平。目前已有超过 100 部天气雷达在国内外得到应用，并已进入罗马尼亚、韩国、印度、美国等市场	部分装备如高性能计算机运算能力核心技术居国际先进水平，产品体系健全、适用面广；部分领域国际领先	总体品质有待提升；国际认可度低	B
国内经验	体系完整	在气象部门内主要使用自主生产的装备	市场竞争力不强，在商用领域缺少作为	B
国际经验	提供对外援助	通过对外援助、国际产品展示等方式	市场竞争力不强，缺少国际水准的制造商	B
市场化程度	市场化程度一般，气象部门作为最大用户，优先采购国产装备，起到了一定的保护作用	装备提供商都是市场化主体	受到一定程度的市场保护，参与市场竞争不充分	B
是否承担国际机构职能	否	无明显优势	无明显劣势	B
产业配套	生产能力强、产业配套完整，基础服务能力强	产业配套齐全	对外发展渠道有待拓展	A
综合竞争力评级				B

5.2.9　灾害应急装备应用服务竞争力

灾害应急装备应用服务的综合竞争力评级为 B 级，竞争力较弱，具体见表 5.9。

表 5.9　灾害应急装备应用服务竞争力评级

指标	描述	优势	劣势	评级
核心技术 1	如卫星、卫星应用装备、各型飞机、通信装备、运输装备、搜救装备(如救灾机器人)、后勤保障装备以及配套的相关技术	中国制造业发展迅速;价格竞争力较强	装备精度不高;创新性不足;整体产业化水平低;标准不足	A
核心技术 2	如应急指挥平台、应急预警信息发布平台、应急救援装备与队伍、应急物资储备等	价格竞争力较强;具备向外输出救援队伍以及配套应急救援装备物资的快速反应能力	应急救援技术和装备落后	B
国内经验	遥感、全球定位技术、地理信息系统等空间技术和手段在救灾领域的应用取得明显进展,无人驾驶飞机和国产北斗导航系统多次为救灾应急决策提供重要依据。“天一地一现场”一体化业务平台,在汶川地震、玉树地震、舟曲泥石流救灾中发挥了综合的控制和指挥调度作用	中国已出现一大批生产和研发应急预警监测、应急救援技术和装备的民营企业;政府和社会资本已开始关注高端应急装备制造业	产业链条尚不完整;应急装备制造业尚未形成规模;应急行业标准尚未完全与国际接轨	B
国际经验	主要提供给较不发达国家	有对外援助经验	参与国际市场竞争少,装备科技创新水平、精细化水平与国际领先水平仍有差距	B
市场化程度	市场参与应急装备制造业活跃度在逐步提升	近年国家对于灾害应急装备重视程度提升,灾害应急装备制造业逐步发展	灾害应急装备制造业普遍规模小,尚无龙头企业可引领和参与国际竞争	A
是否承担国际机构职能	否	无明显优势	无明显劣势	B
产业配套	自主研发	应急产业链逐渐发展;国内对于应急装备的需求逐步增强	与欧美相比,中国的灾害应急装备在稳定性、精度、兼容性等方面存在一定差距,行业标准也未完全接轨	B
综合竞争力评级				B

5.2.10 气象观测解决方案服务竞争力

气象观测解决方案服务的综合竞争力评级为A级，竞争力较强，具体见表5.10。

表5.10 气象观测解决方案服务竞争力评级

指标	描述	优势	劣势	评级
核心技术1	观测设备、数据收集分析技术、产品研发能力	体系健全，设备成套建设能力强，后期应用技术成熟	针对性的应用产品研发能力有待加强	A
核心技术2	包括装备生产、测站建设、维护等	具备大规模服务的能力	装备质量与发达国家相比有差距	A
国内经验	有完整的观测网络，含地面站、探空站、卫星、雷达等，有大气本底站、雷电等专项观测网；有专门面向铁路、公路、电力系统、风能和太阳能的专业观测网络，经验丰富	体系健全、标准完备	无明显劣势	A
国际经验	有WMO的观测标准，参与气象观测资料的国际交换	有对外援助经验	参与国际市场少、缺少商业化服务经验	B
市场化程度	市场化不完全	国内商业化服务模式可借鉴	服务对象具体需求阶段差异较大	B
是否承担国际机构职能	参与气象观测资料的国际交换	无明显优势	无明显劣势	A
产业配套	物联网技术发展对观测服务国际模式提供借鉴	硬、软件配套整体技术输出能力强	需要加快国际服务方面的经验积累	A
综合竞争力评级				A

5.2.11 区域气候变化评估服务竞争力

区域气候变化评估服务的综合竞争力评级为B级，竞争力较弱，具体见表5.11。

表 5.11 区域气候变化评估服务竞争力评级

指标	描述	优势	劣势	评级
核心技术1	包括数据分析、归因分析、适应分析、对策建议等	已经在气候变化归因、适应方面取得很大进展	缺少评估资料	A
核心技术2	同上	参加 IPCC TAR、AR4、AR5、AR6	研究不及发达国家细致深入	B
国内经验	完成多个区域、省份、流域的评估	有国内评估经验	评估深度不够,缺少实践指导性	B
国际经验	参加 IPCC 评估报告	是 IPCC WG1 联合主席	WG3 经验偏少	A
市场化程度	缺少市场化服务	无优势	无市场化服务经验	B
是否承担国际机构职能	亚洲区域气候中心	常年参加国际气候变化交流,包括 IPCC 及《联合国气候变化框架公约》(UNFCCC)	无明显劣势	A
产业配套	自主	技术成熟、队伍稳定、专家资源丰富	评估方法单一	B
综合竞争力评级				B

5.2.12 气象灾害风险管理竞争力

气象灾害风险管理的综合竞争力评级为B级,竞争力较弱,具体见表5.12。

表 5.12 气象灾害风险管理竞争力评级

指标	描述	优势	劣势	评级
核心技术1	气象灾害风险管理由气象灾害识别、估计、评价、控制和效果评价等组成,然后通过计划、组织、指导和控制等过程,综合、合理地运用各种科学方法实现灾害风险管理目标	政府主导、组织体系健全、信息沟通渠道顺畅	基础信息不完备,分析评估技术有待加强,体系不完备	B
核心技术2	同上	适合发展中国家的有力高效的组织管理体系	业务检验和效益评估标准仍需改进,科学管理水平有待提高	B

续表

指标	描述	优势	劣势	评级
国内经验	相对于灾害防御的概念，灾害风险管理的概念出现较晚	主要侧重气象风险的应急防御；国家预警信息发布中心的实践	很多国内气象管理者和技术人员对气象灾害风险管理的认识是模糊的	B
国际经验	少	主要侧重于风险的应急防御，风险预警初见成效	气象灾害影响预报起步晚	B
市场化程度	主要是政府主导	市场化程度不高	社会力量很少参与	B
是否承担国际机构职能	否	世界气象中心之一	缺乏国内自主研究的巨灾风险模型	B
产业配套	资源支持	不足	资料共享不够	B
综合竞争力评级				B

5.2.13 人工影响天气服务竞争力

人工影响天气服务的综合竞争力评级为A级，竞争力较强，具体见表5.13。

表5.13 人工影响天气服务竞争力评级

指标	描述	优势	劣势	评级
核心技术1	包括作业条件监测预报、作业决策指挥、效果评估、装备保障技术	在作业决策指挥、效果评估、装备技术方面均具备优势	作业装备技术水平落后，指挥调度机制和模型不完善，科技支撑不足	A
核心技术2	同上	在作业决策指挥、效果评估、装备技术方面均具备优势；人工增雨、人工防雹、人工消减云雨、人工消雾、人工防霜技术基本属于自主研发	基础研究和基础设施较为薄弱，作业效果评估刚起步	A
国内经验	政府高度重视，有专门业务科研机构和队伍；形成了国家、区域、省、地、县五级完善的业务体系；在人工增雨(雪)、人工防雹、局地消雾、人工消减云雨、空中云水资源开发服务方面积累了大量经验	实践经验丰富；充分得到实践检验	科技支撑能力仍显薄弱，创新能力不足	A

续表

指标	描述	优势	劣势	评级
国际经验	与俄罗斯、古巴等开展了国际合作和交流；2016 年派人前往印度支援人工影响天气作业	政府主导	未在国土之外开展过有关工作	A
市场化程度	人工影响天气相关装备形成了产业，市场化程度比较高	地方政府重视人工影响天气工作，大需求产生了较大的市场	小、低、散的格局，没有形成规模效应	A
是否承担国际机构职能	否	世界气象中心之一	仍需加强国际合作交流，吸收借鉴国际先进经验	B
产业配套	包括探测装备、催化作业装备、储运装备、催化剂检测装备等	对用于实施人工影响天气作业的飞机、高炮、火箭架、地面燃烧炉、播撒装置、焰弹发射装置、炮弹、火箭弹、焰弹及其附属装置，已经形成了自主产业	科技水平低，创新不足	A
综合竞争力评级				A

5.2.14　防雷技术服务竞争力

防雷技术服务的综合竞争力评级为 A 级，竞争力较强，具体见表 5.14。

表 5.14　防雷技术服务竞争力评级

指标	描述	优势	劣势	评级
核心技术 1	包括雷电监测、雷电预报预警、防雷装置检测、雷电灾害风险评估、防雷工程设计、防雷工程施工	在雷电监测、雷电预报预警、防雷装置检测、雷电灾害风险评估、防雷工程设计、防雷工程施工方面都有优势。中国企业生产的防雷器件，打破了外国产品垄断中国防雷市场的局面	不明显	A

续表

指标	描述	优势	劣势	评级
核心技术 2	同上	在防雷装置检测、防雷工程设计、防雷工程施工方面有一定优势	雷电灾害风险评估刚起步，科技水平还有差距；雷电监测、雷电预报预警离发达国家还有差距	A
国内经验	中国各级气象部门从 20 世纪 90 年代开始，通过多种方式努力加强雷电防护管理工作。2000 年 1 月 1 日起施行的《中华人民共和国气象法》，用法律的最高形式明确规定，雷电防护管理工作由各级气象主管机构承担，使中国的雷电防护管理进入了依法行政的新阶段。各级气象主管机构纷纷建立雷电防护管理机构，明确管理职责，抽调精干人员加强雷电防护管理力度；全社会对雷电防护的重视程度明显提高，雷电防护工作快速发展，雷电防护市场不断拓展	相关法律法规健全；气象部门形成了国家、省、地、县四级业务体系；在建筑物防雷、交通防雷、电力系统防雷、农村防雷、人身防雷等领域具有丰富的实践经验；雷电灾害造成的人员伤亡和财产损失明显减少，雷电防护管理取得了明显的社会经济效益，初步形成了以国家法律（《中华人民共和国气象法》），法规（《气象灾害防御条例》）、部门规章（《防雷减灾管理办法》等）和 60 余部相关地方法规规章组成的雷电防护管理法律法规体系	由于不同的行业对应用环境和运行要求不同，其防雷应用行业标准不同，认证标准不一，防雷产品跨行业应用门槛较高，从而造成雷电防护行业较为分散的局面	A
国际经验	中国是 IEC/TC81（国际电工委员会第 81 技术委员会——防雷）成员之一，参与制定国际防雷技术标准	起步时间早	缺乏国际经验	B
市场化程度	中国形成和发展了雷电防护产业市场。近 3 000 家企业取得防雷工程设计、施工资质证，数万人取得防雷工程专业技术资格	到 2014 年，中国从事雷电防护的企业达 5 000 余家，从业人员十余万人，年产值达数百亿元	产业规模效应不高，没有形成有带动作用的龙头企业；没有形成充分竞争的市场	A
是否承担国际机构职能	否	在上海主办过第 32 届防雷国际会议	仍需进一步加强国际间交流合作	B

续表

指标	描述	优势	劣势	评级
产业配套	防雷行业自20世纪80年代末诞生,至今已有20年发展历史	产业配套齐全	不明显	A
综合竞争力评级				A

5.2.15 智能预警接收终端竞争力

智能预警接收终端的综合竞争力评级为A级,竞争力较强,具体见表5.15。

表5.15 智能预警接收终端竞争力评级

指标	描述	优势	劣势	评级
核心技术1	手机应用、专用预警接收机、电子显示屏等	硬件技术先进,软件技术相对先进	知识产权储备不足;技术创新能力不足	A
核心技术2	同上	引进了美国的软件技术	产品设计存在一定的技术差距	B
国内经验	经验丰富;预警终端多样,应用软件丰富	用户多,开发参与者多	产业效益不高;售后服务体系薄弱;信息安全存在隐患	A
国际经验	手机等智能终端进入国际市场	手机进入发展中国家市场,有较高的知名度;部分公司开始开发国际气象服务手机应用;在气象服务终端应用方面,中美合作利于引进技术和积累经验	气象部门参与很少	A
市场化程度	市场在逐步开放中	国内手机、手机应用、专用预警接收机等发展迅速,软硬件水平均有较大幅度提升	相比发达国家,市场环境并不好	B
是否承担国际机构职能	否	无明显优势	无明显劣势	B
产业配套	自主研制	IT领域具有一定的领先优势	核心软硬件技术仍主要依赖国外;信息安全存在隐患	A
综合竞争力评级				A

5.2.16 气象影视服务竞争力

气象影视服务的综合竞争力评级为B级，竞争力较弱，具体见表5.16。

表5.16 气象影视服务竞争力评级

指标	描述	优势	劣势	评级
核心技术1	演播室整体技术、节目制作技术	节目制作技术可整体输出	高新装备多为引进；技术自主研发能力薄弱	B
核心技术2	影视制播装备	经过近年发展，国内影视制播装备发展迅速	影视制播装备创新能力不足	B
国内经验	经验丰富	气象影视节目发展30多年，有成套的业务、技术和队伍支撑保障	参与市场能力弱；受众需求和产品定位分析不足	A
国际经验	参与国际项目合作、创新	提供英语节目	缺少国际合作	B
市场化程度	由于气象部门掌握一手的气象数据资源，目前国内气象影视节目大多由气象部门制作，与媒体采取广告分成形式合作	国内气象影视龙头地位；影视制作及经营方面有丰富的经验，市场化程度较高	无市场竞争，自身创新发展活力不足，市场经营手段欠缺，过度依赖硬广告	B
是否承担国际机构职能	否	无明显优势	无明显劣势	B
产业配套	多为软性项目，缺乏产业链的建设	依托气象行业可打造气象影视制播、科普传播、教育培训、装备系统制造产业链	市场资本参与度低；产业链缺乏合理规划	B
综合竞争力评级				B

5.2.17 交通(陆上)气象服务竞争力

面向公路、铁路的交通气象服务的综合竞争力评级为B级，竞争力较弱，具体见表5.17。

表 5.17　交通(陆上)气象服务竞争力评级

指标	描述	优势	劣势	评级
核心技术 1	路面观测、沿线精细化要素预报、分灾种短临预报预警、灾害风险区划和评估、GIS 技术、多种数据融合技术、物联网、云计算	在交通气象观测站网建设、预报预警技术方法研发、监测和预报预警服务系统建设方面具有一定经验，但是并未形成产业	未形成体系、未广泛应用	B
核心技术 2	国家级公路交通气象精细化要素预报产品时间分辨率为 72 小时内逐 6 小时，空间分辨率为 10 千米	同上	尚未建成系统化、专业化、规模化的交通气象观测站网。道路交通气象预测预报专业化程度和精细化水平不高，服务针对性不强；服务方式、内容、手段较为单一，如尚未开展道路维护气象服务	B
国内经验	气象部门和交通运输部门合作制作服务产品，具备重大活动(如奥运会、世博会)交通气象服务保障经验；建有国家级交通气象业务服务系统和省级交通气象信息服务业务系统；与铁路总公司合作，完善了铁路气象服务信息专网，通过网络、手机随时随地查看铁路线路区段降雨实况和降雨趋势，取得了铁路实时雨情跟踪预警方式的重大突破；新疆、四川、重庆、贵州等与铁路局合作开展预报预警系统建设和服务；运用雷达外推技术，制作了 18 个铁路局的逐 10 分钟未来 2 小时雷暴单体移动覆盖地区和移动方向服务产品	较丰富的部门间合作经验	主要还停留在气象技术层面，气象与交通的结合做得不深入，缺乏成熟的服务系统	B

续表

指标	描述	优势	劣势	评级
国际经验	很少	无明显优势	无国际服务经验，不掌握国际道路气象服务需求	B
市场化程度	市场化不高，只有少数公司开展相关服务	无优势	道路交通服务门槛相对高，市场缺乏精准服务的能力	B
是否承担国际机构职能	否	无明显优势	缺乏国际经验交流	B
产业配套	主要是交通气象观测设备和系统配套。中国公路交通气象监测设备和系统自主研发能力较强（如华云、江苏的企业），但有些方面比较落后，如远洋船舶上的观测设备都是日本 WNI 生产的	设备和系统研发有一定优势	产业链发展相对滞后	B
综合竞争力评级				B

5.2.18 交通（航空）气象服务竞争力

交通（航空）气象服务的综合竞争力评级为 B 级，竞争力较弱，具体见表 5.18。

表 5.18 交通（航空）气象服务竞争力评级

指标	描述	优势	劣势	评级
核心技术 1	具备航空气象观探测技术、航空气象信息传输处理技术、航空天气预报预警技术、航空气候分析和预测技术、航空气象保障产品表达技术、飞行大气环境影响仿真与效能评估技术、航空气象保障辅助决策技术等	民航建有较完整的航空气象服务技术体系，部分气象局也在开展地区航空气象服务	较封闭	B

续表

指标	描述	优势	劣势	评级
核心技术2	同上	无明显优势	差距较大。对比美国通航气象服务产品，缺少更为完整的低空气象资料、作业区或非机场区域详细的天气实况和预报、公共情报气象咨询和标准化的气象讲解	B
国内经验	中国航空气象服务主要依托民航气象中心业务机构网络提供；近年来，气象部门逐步改革取消航危报服务，与国内部分机场、航空公司开展合作，双方协商共享和交换观测资料；民航气象信息共享网络已经初步搭成，但其业务支撑体系建设还未形成成熟的标准和模式	航空部门、气象部门均在开展航空气象服务	服务比较初级；国际航线气象服务目前还主要由国外相应气象服务公司提供	B
国际经验	暂无	无明显优势	航空气象服务市场多被日本WNI(占领亚洲)、美国WSI(占领欧美)等占领	B
市场化程度	高度市场化。维艾思公司与国内主要龙头航空企业建立合作。福建省气象局已开始主动融入通用航空气象服务产业的发展，正为正阳通用航空公司、中航工业福建通航航空公司等企业量身打造专业气象服务，并已在机场选址、机场气象观测设施建设、气象保障人员培训、气象服务平台构建等方面达成了合作意向	与国际航空气象服务公司合作，融合应用新技术	国内航空气象服务市场当前多被日本WNI占领，国内气象服务机构未充分进入这个市场	B

续表

指标	描述	优势	劣势	评级
是否承担国际机构职能	否	无明显优势	相对缺乏国际经验交流	B
产业配套	航空气象观测设备和监测、服务系统	无明显优势	机场自动观测系统均是从日本、芬兰、德国和美国等发达国家成套引进。观测设备自带监测系统	B
综合竞争力评级				B

5.2.19 海洋气象服务竞争力

海洋气象服务的综合竞争力评级为B级,竞争力较弱,具体见表5.19。

表5.19 海洋气象服务竞争力评级

指标	描述	优势	劣势	评级
核心技术1	具备监测技术、预报技术、海洋气象服务技术、海洋气象装备技术	海洋气象预报,海洋气象专业数值预报模式	近海和远海气象资料获取能力有限;海洋气象预报核心技术水平不高;专业化的海洋气象服务能力和手段不足;海洋气象装备保障能力不足	A
核心技术2	同上	政府主导,社会力量参与	近海和远海气象资料获取能力有限;海洋气象预报核心技术水平不高,数值预报和资料同化等核心技术与发达国家差距明显;海洋气象服务能力和手段不足	B

续表

指标	描述	优势	劣势	评级
国内经验	以沿岸海域为主的海洋气象观测系统基本建立;逐步发展了以台风、海上大风预报为主的海洋气象预报预警业务,台风24小时路径预报误差小于100千米,海上大风预报准确率达80%,台风预报预警等技术已接近世界先进水平;面向国防活动、海上搜救、港口及跨洋航运、海上石油开发、海上风能开发、渔业养殖、海上捕捞、海洋旅游等需求,初步提供了针对性的海洋气象服务	处于起步阶段	气象技术与用户的结合不深入;远洋导航市场被国外公司垄断	B
国际经验	缺乏“走出去”经验	国际贸易的蓬勃发展和“21世纪海上丝绸之路”倡议的提出	与美国、日本等发达国家相比,海洋气象服务产品和水平还存在极大差距	B
市场化程度	市场需求较大,市场化运作,公办服务机构参与较少	无明显优势	气象服务市场尚不成熟,与美国、日本等发达国家相比,中国海洋气象服务产品和水平还存在极大差距	B
是否承担国际机构职能	区域海洋仪器中心、海洋气象和海洋气候资料中心	中国处置海洋突发事件能力提高,国际影响力逐渐加大	缺乏领导国际合作的经验	A
产业配套	海洋气象服务相关产业配套不足	无明显优势	海洋气象服务相关产业配套不足	B
综合竞争力评级				B

5.2.20 能源气象服务竞争力

能源气象服务(风能、太阳能)的综合竞争力评级为A级,竞争力较强,具体见表5.20。

表 5.20 能源气象服务(风能、太阳能)竞争力评级

指标	描述	优势	劣势	评级
核心技术 1	气候可行性论证、数值天气预报、功率预报、灾害预警	风能、太阳能评估,风能、太阳能预报技术都具有优势	无明显劣势	A
核心技术 2	太阳能资源主要集中在南北纬 30°之间的区域;风能资源在中亚和南亚相对少,在北美、西欧、中东等地区相对丰富	风能、太阳能评估技术达到国际先进水平,风能、太阳能预报工作开展非常活跃	预报时效、准确率及计算效率等与欧美有差距	B
国内经验	大需求催生了大发展,除气象部门外,社会机构也广泛参与风能、太阳能相关的气象工作,形成了比较完整的服务体系,与行业结合较紧密	精细化气象预报服务能力强	核心的风能、太阳能预报模式与国外相比具有一定差距,研发的产品与行业结合度相对较低	A
国际经验	了解国际进展;已经走出国门,为马来西亚开展风能资源评估	风电规模第一大国,太阳能增速第一大国	“走出去”的意识不强	B
市场化程度	气象部门成立了能源气象服务企业;市场上也有大量的其他企业;具有一定的市场化规模,也有较好的经济效益和前景	无明显优势	资料开放不足,基础支撑不到位	A
是否承担国际机构职能	否	无明显优势	无明显劣势	B
产业配套	观测设备、计算设备、数值模拟等	无明显优势	基础设备竞争力不如国外设备	A
综合竞争力评级				A

5.2.21 电力气象服务竞争力

电力气象服务的综合竞争力评级为 A 级,竞争力较强,具体见表 5.21。

表5.21　电力气象服务竞争力评级

指标	描述	优势	劣势	评级
核心技术1	发电力负荷预报、发电功率预测、电力气象灾害风险评估技术、电力气象灾害预警技术、电力调度相关技术	已经在电网得到广泛应用、国家各级电网的运营经验	无明显劣势	A
核心技术2	同上	保障全球最大的公用事业、企业的稳定运行	服务技术有待提升	A
国内经验	电网公司、社会企业及气象部门均开展相关服务。中国气象局组织湖北和湖南两个省气象局，公共服务中心开展基于影响的电力气象服务预报服务试点工作	电网公司均有气象探测网络和专业人员；与气象部门合作频繁	面向电网的气象服务技术有待提升	A
国际经验	无	无明显优势	国际经验较少	B
市场化程度	主要是电力部门和气象部门主导，也有高校和社会公司参与	无明显优势	市场化程度不高	B
是否承担国际机构职能	否	无明显优势	无明显劣势	B
产业配套	观测、评估技术方法、模式	无明显优势	面向电网的技术方法有待提升	A
综合竞争力评级				A

5.2.22　农业气象服务竞争力

农业气象服务的综合竞争力评级为A级，竞争力较强，具体见表5.22。

表 5.22 农业气象服务竞争力评级

指标	描述	优势	劣势	评级
核心技术 1	作物模型、遥感技术、产量预报、生态服务、农业气象灾害监测预警评估、设施/特色农业气象保障服务、农业病虫害、农用天气预报、农业气候区划、微气象等	形成完整的技术体系，有大量专业技术人才	无明显劣势	A
核心技术 2	同上	形成完整的技术体系，有大量专业技术人才；产量预报可以与发达国家相比	对气象与农业的关系研究不深入，服务比较宏观；服务技术和产品与发达国家有差距	B
国内经验	开展了国内主要产粮国产量预报、生态气象服务、农业气象灾害监测预警评估、设施/特色农业气象保障服务、农业病虫害发生发展气象等级预报、农用天气预报、农业气候区划等领域的气象服务。初步形成了上至中央和省（区、市）政府，向下延伸至乡、村，服务到户、田的多级服务格局	有完善的农业气象服务体系和科研体系	以决策服务为主，缺少直接面向生产和贸易的服务	A
国际经验	可开展国外主要产粮国产量预报等服务	无明显优势	缺少对外开展服务的经验	B
市场化程度	在设施农业、农业期货、农业保险方面开展了部分工作，但都处于非常低的程度，不具备竞争力。相关领域的公司刚刚开始出现	一些创业公司瞄准微气象观测设备开展研发，但规模较小	基本无市场经验，缺少参与国际市场竞争的能力	B
是否承担国际机构职能	否	无优势	缺乏国际经验交流	B
产业配套	微气象观测设备、模拟、灾害应对设备等	有一定的潜力	在国际市场上竞争力较小，面临政治风险等	A
综合竞争力评级				A

5.2.23　仓储物流气象服务竞争力

仓储物流气象服务的综合竞争力评级为 B 级，竞争力较弱，具体见表 5.23。

表 5.23　仓储物流气象服务竞争力评级

指标	描述	优势	劣势	评级
核心技术 1	主要是气象与商品贸易、存储的关系	无优势	缺少服务技术，缺少与行业的对接	B
核心技术 2	同上	无优势	与发达国家预报时效及精准度有差距	B
国内经验	为部分企业开展过点对点服务，但不能满足物流企业需求	无优势	以常规气象服务为主，针对性不强	B
国际经验	缺少	无优势	缺乏国际服务经验	B
市场化程度	缺少	无优势	少有市场行为参与	B
是否承担国际机构职能	否	无优势	缺少国际经验交流	B
产业配套	未有相关信息	无优势	几乎没有相关配套产业	B
综合竞争力评级				B

5.2.24　旅游气象服务竞争力

旅游气象服务的综合竞争力评级为 B 级，竞争力较弱，具体见表 5.24。

表 5.24　旅游气象服务竞争力评级

指标	描述	优势	劣势	评级
核心技术 1	面向旅游景区及游客出行计划的气象服务	精细的景点预报，发展了景观预报技术	旅游气象服务指标和技术体系尚未建立	A
核心技术 2	同上	无明显优势	旅游气象服务指标和技术体系尚未建立	B
国内经验	依托旅游天气网开展线上服务；为地方旅游节等活动提供服务保障等；针对旅游管理部门、相关运营企业和不同旅游群体等对气象服务的不同需求，提供短期精细化天气预报服务、中期天气预报服务、重大节日长假旅游气象服务、旅游气象指数预报服务、景观预报服务产品、灾害性天气预报预警服务	部门重视，有实践经验	主要还是基于基础天气预报开展服务，对旅游的针对性不强；景观预报等尚处于探索试验阶段；未形成专业的服务体系和运作模式	B

续表

指标	描述	优势	劣势	评级
国际经验	无	无明显优势	无明显劣势	B
市场化程度	处于起步阶段	无明显优势	无明显劣势	B
是否承担国际机构职能	否	无明显优势	无明显劣势	B
产业配套	负氧离子观测站等旅游气象观测设备等	无明显优势	无明显劣势	B
综合竞争力评级				B

5.2.25 环境气象服务竞争力

环境气象服务的综合竞争力评级为A级，竞争力较强，具体见表5.25。

表5.25 环境气象服务竞争力评级

指标	描述	优势	劣势	评级
核心技术1	环境气象监测、资料分析与应用技术、环境气象数值模式和解释应用技术、环境气象预报方法与技术、环境气象灾害风险评估及预警技术等	环境污染样本多，对气象与环境污染的关系认识深刻；服务发挥重要作用，得到公众认可	无明显劣势	A
核心技术2	同上	环境污染样本多，对气象与环境污染的关系认识深刻；服务技术通过检验，得到公众认可	基础的模式方面与发达国家有差距	A
国内经验	针对大气环境突发事件气象应急服务，中国气象局先后建立了“核污染物长距离传输业务数值预报系统”“区域大气环境应急响应模式系统”和“核及危险化学品泄漏气象紧急响应服务系统”；以关键区域为重点的集约化、协作化环境气象工作体系，国家、区域、省、地四级环境气象业务体系；工作机制优势：区域大气环境监测联合工作机制	业务全面展开；建立了部门间、地区间的协同机制；环境预警已经纳入生产生活的安排	无明显劣势	A

续表

指标	描述	优势	劣势	评级
国际经验	2011年3月11日13时46分，日本东北地区宫城县北部发生里氏9级特大地震，福岛核电站有放射性物质泄漏。当日，应世界气象组织和国际原子能机构请求，北京区域环境紧急响应中心立即启动应急响应，对500米、1 500米和3 000米高度的核放射性物质的扩散轨迹进行模拟预报，第一时间上传至国际原子能机构网站，并牵头组织俄罗斯和日本两国区域专业气象中心联合制作核应急产品递交国际原子能机构，与相关国家实现信息共享	无明显优势	无明显劣势	A
市场化程度	政府部门、科研机构、社会组织、公司企业共同参与	具有一定市场规模和经验	无明显劣势	A
是否承担国际机构职能	承担世界气象组织和国际原子能机构北京区域环境紧急响应中心职责（其他7个区域中心设在美国、加拿大、法国、英国、澳大利亚、日本和俄罗斯）	无明显优势	无明显劣势	A
产业配套	具备一定的自主研发创新能力	无明显优势	精细化的观测设备主要来自国外	B
综合竞争力评级				A

5.2.26 健康气象服务竞争力

健康气象服务的综合竞争力评级为B级，竞争力较弱，具体见表5.26。

表5.26 健康气象服务竞争力评级

指标	描述	优势	劣势	评级
核心技术1	气象条件影响健康的机理及相关服务技术。在紫外线气象等级预报、高温中暑气象预报、健康相关气象指数等预报技术方面有一定基础	无明显优势	无明显劣势	B

续表

指标	描述	优势	劣势	评级
核心技术 2	同上	天气气候类型多，人口多，研究样本多，具有较好的研究条件	尚处于探索试验阶段，没有成熟的业务体系支撑	B
国内经验	医疗气象预报尚处于摸索试验阶段；国家级气象部门主要提供紫外线、高温中暑和花粉过敏气象指数等初级服务；上海气象部门和卫生部门联手建设“上海城市热浪/健康监测预警系统”，上海浦东新区气象局开展了包括呼吸道疾病、消化系统疾病、心脑血管疾病等一系列的健康气象服务工作	中国的情况具有对外指导意义	未形成学科体系或服务体系	B
国际经验	无	无明显优势	处于探索阶段，还没有在国际范围开展大规模的健康气象服务	B
市场化程度	没有形成服务市场	无明显优势	服务技术还不成熟，没有形成规模的服务市场	B
是否承担国际机构职能	否	无明显优势	无明显劣势	B
产业配套	基于气象、环境与健康关系机理的健康气象服务研究试验室，需要大样本量分析	无明显优势	产业配套不足	B
综合竞争力评级				B

5.3 小结

基于以上分析可见，在根据中国气象服务的实践情况梳理出的 26 个服务方向中，有数值模式等 11 个方向的竞争力评级达到了 A 级，数值天气预报等 15 个方向的竞争力评级为 B 级。对比普遍评级较高的气象服务方向潜力，中国气象服务“走出去”的空间很大，市场广阔，但在自身内功的修炼上仍需有较大的提高和进步。

第6章 “一带一路”气象服务推进路线图

6.1 服务方向的优先级

6.1.1 评级基本原则

综合对26个主要服务方向的潜力评级及竞争力评级结果，得到每一个气象服务方向的优先级，为确定“一带一路”重点气象服务方向及每一个方向的推进路线图提供了依据。

确定优先级的基本原则是：两项评级均为A级，则优先级为A+级；两项评级均为B级，则优先级为B级；一个A级一个B级时，考虑权重潜力大于竞争力。具体为：潜力A级+竞争力A级=A+级；潜力A级+竞争力B级=A级；潜力B级+竞争力A级=A-级；潜力B级+竞争力B级=B级。最后，再根据个别领域的特殊性，对优先级进行调整。

6.1.2 优先级的确定

根据上述基本原则分别确定了26个主要气象服务方向的优先级，并对部分方向的优先级作调整，说明调整的原因，具体见表6.1。调整后的分析结果显示：

(1)7个气象服务方向获得A+级评价。包括数值模式、数值天气预报、气象观测解决方案、智能预警接收终端、能源气象服务（风能、太阳能）、电力气象服务、农业气象服务。

(2)15个服务方向获得A级评价。包括MICAPS系统、灾害性天气预报、气候预测服务、卫星资料应用、气象装备输出、灾害应急装备输出、区域气候变化评估、气象灾害风险管理、气象影视服务、交通（陆上）气象服务、交通（航空）气象服务、海洋气象服务、旅游气象服务、环境气象服务、健康气象服务。

(3)2 个气象服务方向获得 A－级评价。包括人工影响天气技术服务、防雷技术服务。

(4)2 个气象服务方向获得 B 级评价。包括雷达资料、仓储物流气象服务。

表 6.1 主要气象服务方向的发展优先级

领域名称	潜力评级	竞争力评级	优先级	调整后的优先级	调整理由
数值模式	A	A	A+	A+	不调整
数值天气预报	A	B	A	A+	既体现水平，又是服务基础
MICAPS 系统	A	A	A+	A	应用面相对较窄，经济附加值低
灾害性天气预报	A	B	A	A	不调整
气候预测服务	A	A	A+	A	模式可移植性不高，预测不确定性较强
卫星资料应用	A	B	A	A	不调整
雷达资料应用	B	B	B	B	不调整
气象装备输出	A	B	A	A	不调整
灾害应急装备输出	A	B	A	A	不调整
气象观测解决方案	A	A	A+	A+	不调整
区域气候变化评估	A	B	A	A	不调整
气象灾害风险管理	A	B	A	A	不调整
人工影响天气技术服务	B	A	A−	A−	不调整
防雷技术服务	B	A	A−	A−	不调整
智能预警接收终端	A	A	A+	A+	不调整
气象影视服务	A	B	A	A	不调整
交通(陆上)气象服务	A	B	A	A	不调整
交通(航空)气象服务	A	B	A	A	不调整
海洋气象服务	A	B	A	A	不调整
能源(风能、太阳能)气象服务	A	A	A+	A+	不调整
电力气象服务	A	A	A+	A+	不调整
农业气象服务	A	A	A+	A+	不调整
仓储物流气象服务	B	B	B	B	不调整
旅游气象服务	A	B	A	A	不调整
环境气象服务	A	A	A+	A	目的地国家的配套设施完善需要时间
健康气象服务	A	B	A	A	不调整

6.2 推进思路和原则

基于各个气象服务方向在“一带一路”气象服务中的优先级，结合区域内国家基本情况(社会经济、产业及气候条件)、中国的优劣势以及各国国家信用关系，提出了每个方向的气象服务推进路线图。路线图包含时间、空间、服务发展、能力建设、推进方式、国内支撑等多个维度的内容。具体做法是，以 2020 年为界划分为两个阶段，分别提出优先进入国家、服务发展任务、能力建设任务、推进方式和国内支撑建议。

6.2.1 发展思路

准确把握“一带一路”定位、内涵和特征，遵循中国新时期的外交理念，顺应世界多极化、经济全球化、文化多样化、社会信息化的潮流，秉持开放的区域合作精神，坚持共商、共建、共享原则，依托全面推进气象现代化和深化气象改革成果，以政策沟通、道路联通、贸易畅通、货币流通和民心相通气象服务需求为重点，以提高中国全球气象业务服务水平为主线，以加快促进中国气象服务“走出去”、保障中国企业“走出去”和通路、通航、通商安全以及促进丝绸之路沿线国家和地区文化往来交流为主攻方向，积极推进与沿线国家气象服务发展战略的相互对接，强化基础支撑能力，提高综合服务水平，创新服务机制体制，促进服务转型升级，实现中国气象服务由大变强的历史跨越，全面提高“一带一路”气象保障能力和水平。强化面向“全球监测、全球预报、全球服务”的业务服务能力建设，为“一带一路”建设气象保障提供核心技术。在增信释疑的基础上，充分利用现有中国气象服务比较优势和开发新优势，形成中国气象服务技术和装备“走出去”的突破口，扩大中国在气象服务方面的影响力，打造“中国天气”气象服务品牌。主动对接中国企业“走出去”战略，建立“伴随式”气象服务理念，护航中国“一带一路”重点产业发展，为中国企业“走出去”提供全程、优质气象保障服务。围绕通路、通航、通商安全，以及促进丝绸之路沿线国家和地区文化往来交流，加快发展适应“一带一路”沿线公路、铁路、航空等交通运输，以及旅游、健康和公众衣食住行气象服务需求的气象灾害风险预警和精细化气象预报预警技术、产品和平台。依托相关省份对接“一带一路”的政策规划，引导不同省份在参与“一带一路”气象服务中构建与发挥自身的比较优势，带动并促进中国中西部地区的气象服务发展，缩小地区之间气象服务发展差距。

6.2.2 发展原则

6.2.2.1 需求牵引、突出重点

科学分析政策沟通、道路联通、贸易畅通、货币流通和民心相通等重点合作领域潜在的气象服务需求以及中国气象服务现有比较优势，突出围绕提高中国全球气象业务服务水平，中国企业“走出去”战略，“一带一路”沿线铁路、公路、航运、航空、电网等通道布局，能源、旅游、金融保险、农林牧渔等产业发展布局，对接重点领域和重点区域气象服务需求，培育中国与周边国家气象服务合作的新增长点，进一步拓展服务空间。

6.2.2.2 示范推进、以点带面

“一带一路”涵盖国家众多，气象服务发展水平彼此差异较大，互补程度不同。将“一带一路”划分为若干区域，在各区域中选择优先合作的重点国家、合作机制和重要领域先行推动，以此为龙头带动整个区域的合作。同时，基于现状，选择合作难度较低的国家和领域作为起步更为客观，也易于为各国所接受，随着合作的不断深入，再深入推进。

6.2.2.3 政府主导、市场运作

“一带一路”气象服务既要发挥政府的管理服务功能，更要发挥市场的调节和资源配置作用，通过政府引导以市场化方式运作“一带一路”气象服务项目，调动各方积极性，整合社会资源参与。注重引入民营资本参与，采用市场化模式，促进与沿线国家的企业合作，避免演变为一种对外援助项目。政府部门要在信息传递、平台建设、资金支持、政策保障方面给予更多的支持。

6.2.2.4 开放合作、互利共赢

围绕“一带一路”气象服务重点任务，找准技术、服务优势和短板，寻求利益契合点，开展全方位、宽领域、多层次的国内外气象业务和科技合作。对内致力于缩小东、中、西部气象保障服务能力差距，对外支持发展中国家增强自主发展能力，提高各方合作的质量和效益。

6.3 推进路线图

6.3.1 数值模式服务推进路线(表 6.2)

表 6.2 数值模式服务推进路线图

	2020 年以前	2020 年以后
优先进入国家(区域)	(1)东南亚国家:新加坡、文莱、马来西亚、泰国、东帝汶、印度尼西亚、菲律宾、越南、老挝、缅甸、柬埔寨; (2)中亚国家:哈萨克斯坦、土库曼斯坦、乌兹别克斯坦、塔吉克斯坦、吉尔吉斯斯坦、阿富汗	“一带一路”沿线所有国家
服务发展任务	打造适合于技术输出的模式系统(软件+硬件+标准)	持续提升模式系统的预报能力,优化模式系统的区域适应性,使模式服务效果尽快达到国际领先水平;发展面向专业气象服务的模式解释应用技术及专业模型
能力建设任务	(1)资料同化技术; (2)资料再分析技术; (3)探测资料综合应用技术; (4)延伸期预报技术	(1)探测标准建设; (2)资料交换与共享机制建设
推进方式	(1)政府双边合作; (2)国际非政府组织	(1)市场化推进为准; (2)政府双边合作; (3)国际非政府组织
国内支撑建议	(1)气象部门牵头; (2)中国科学院大气物理研究所、高校、企业协同研发	(1)气象部门牵头; (2)企业与科研院所协同研发

6.3.2 数值天气预报服务推进路线(表 6.3)

表 6.3 数值天气预报服务推进路线图

	2020 年以前	2020 年以后
优先进入国家(区域)	(1)东南亚国家:新加坡、文莱、马来西亚、泰国、东帝汶、印度尼西亚、菲律宾、越南、老挝、缅甸、柬埔寨; (2)中亚国家:哈萨克斯坦、土库曼斯坦、乌兹别克斯坦、塔吉克斯坦、吉尔吉斯斯坦、阿富汗	"一带一路"沿线所有国家
服务发展任务	(1)公开发布全球模式产品; (2)制作覆盖"一带一路"沿线国家精细化的、快速更新的数值预报产品	具备参与全球气象服务市场竞争的能力
能力建设任务	(1)提升空间分辨率,达到国际领先; (2)增加模式运行次数,至少与欧美私营气象服务公司持平; (3)增强计算能力(云计算、巨型计算机); (4)增加互联网带宽,不能使带宽成为服务的限制因素	(1)持续开展前述能力建设工作; (2)建立域内国家气象观测数据的交换与共享机制
推进方式	(1)气象部门做好基础支撑; (2)气象系统所属企业利用市场机制开展数值预报相关的队伍、能力建设并提供服务; (3)首先通过网站和手机客户端提供服务; (4)通过政府双边合作,开展预报预警及相关能力提升工作	(1)气象部门做好基础支撑; (2)全面/市场化推进
国内支撑建议	(1)中国气象局数值预报中心及各区域中心(广州、乌鲁木齐)做好模式基础支撑; (2)公共气象服务中心和华风集团重点利用市场机制做好信息深加工及服务	(1)中国气象局做好数值预报基础支撑; (2)各类气象服务机构利用市场机制做好信息深加工及行业融合服务

6.3.3 MICAPS 系统推进路线(表 6.4)

表 6.4 MICAPS 系统推进路线图

	2020 年以前	2020 年以后
优先进入国家(区域)	老挝、柬埔寨、马尔代夫、斯里兰卡、巴基斯坦、孟加拉国、哈萨克斯坦、土库曼斯坦、乌兹别克斯坦、塔吉克斯坦、吉尔吉斯斯坦、卡塔尔、阿拉伯联合酋长国、沙特阿拉伯、阿曼、阿塞拜疆、伊朗、约旦、格鲁吉亚、亚美尼亚	其他需要的国家
服务发展任务	本地化	本地化
能力建设任务	智能化、专业化、数据处理能力、产品生成能力	大数据分析、人工智能
推进方式	政府合作	
国内支撑建议	国家气象中心、国家气象信息中心提供数据及应用方案	

6.3.4 灾害性天气预报服务推进路线(表 6.5)

表 6.5 灾害性天气预报服务推进路线图

	2020 年以前	2020 年以后
优先进入国家(区域)	马来西亚、泰国、印度尼西亚、菲律宾、老挝、缅甸、柬埔寨、马尔代夫、印度、巴基斯坦、哈萨克斯坦、乌兹别克斯坦、塔吉克斯坦、吉尔吉斯斯坦、阿拉伯联合酋长国、以色列、沙特阿拉伯、阿曼、伊朗、亚美尼亚、斯洛文尼亚、爱沙尼亚、捷克、斯洛伐克	“一带一路”沿线所有国家
服务发展任务	加大“一带一路”沿线国家气象观测站建设,获取区域国家基本观测资料,将中国自主研发的数值模式推广到相关国家,开展灾害性天气预报	加强灾害性天气预报及相关基础设施的标准化建设
能力建设任务	加强数值模式分析计算能力,提高灾害性天气预报准确率	进一步提升数值模式分析计算能力
推进方式	政府合作	政府+市场
国内支撑建议	国家气象中心、数值预报中心	气象中心、数值预报中心、企业

6.3.5 气候预测服务推进路线(表 6.6)

表 6.6 气候预测服务推进路线图

	2020 年以前	2020 年以后
优先进入国家(区域)	马来西亚、泰国、柬埔寨、马尔代夫、斯里兰卡、巴基斯坦、哈萨克斯坦、土库曼斯坦、乌兹别克斯坦、塔吉克斯坦、吉尔吉斯斯坦、卡塔尔、阿拉伯联合酋长国、以色列、沙特阿拉伯	新加坡、斯洛文尼亚、爱沙尼亚、捷克、拉脱维亚、罗马尼亚、匈牙利、克罗地亚、波兰、立陶宛
服务发展任务	开展气候监测诊断,典型地区气候诊断,亚洲区域气候诊断;开展月、季、年气候预测服务,极端事件及灾害预测,气候事件预测,气候现象预测,气候预测检验;BCC 气候系统模式本地化	持续开展前述能力建设工作;建立域内国家气候观测数据的交换与共享机制。开展面向不同行业的气候预测服务,为预防气候灾害提供技术支撑
能力建设任务	提高模式分辨率水平	显著提升气候预测准确率,提高预测评估服务和数据应用能力
推进方式	政府	政府
国内支撑建议	国家气候中心	气候中心、企业

6.3.6 卫星资料应用服务推进路线(表 6.7)

表 6.7 卫星资料应用服务推进路线图

	2020 年以前	2020 年以后
优先进入国家(区域)	新加坡、印度尼西亚、老挝、柬埔寨、马尔代夫、斯里兰卡、印度、巴基斯坦、孟加拉国、哈萨克斯坦、土库曼斯坦、乌兹别克斯坦、塔吉克斯坦、吉尔吉斯斯坦、卡塔尔、阿拉伯联合酋长国、以色列、沙特阿拉伯、阿曼、阿塞拜疆、伊朗、约旦、格鲁吉亚、亚美尼亚、斯洛文尼亚、爱沙尼亚、捷克、斯洛伐克、拉脱维亚、立陶宛、波兰、克罗地亚、匈牙利、罗马尼亚、波斯尼亚和黑塞哥维那、阿尔巴尼亚、俄罗斯联邦、白俄罗斯、乌克兰、摩尔多瓦	“一带一路”沿线所有国家
服务发展任务	资料应用	资料应用、支撑全球数值预报模式

续表

	2020 年以前	2020 年以后
能力建设任务	监测范围、分辨率、区域应用领域、数据分析运用	提升资料应用能力
推进方式	政府＋市场	
国内支撑建议	国家卫星气象中心及相关业务科研机构提供资料及应用基础研究	

6.3.7 雷达资料应用服务推进路线(表 6.8)

表 6.8 雷达资料应用服务推进路线图

	2020 年以前	2020 年以后
优先进入国家(区域)	印度尼西亚、老挝、柬埔寨、孟加拉国、哈萨克斯坦、土库曼斯坦、乌兹别克斯坦、塔吉克斯坦、吉尔吉斯斯坦、越南、蒙古	马来西亚、菲律宾、泰国、缅甸、阿富汗
服务发展任务	深化雷达数据应用，探索人工智能技术在短临预报预警中的应用	深化人工智能技术在短临预报预警中的应用
能力建设任务	各类监测数据的融合分析，人工智能技术应用，灾害识别能力、空间分辨率	本地化预报预警能力提升
推进方式	政府＋市场	
国内支撑建议	中国气象局气象探测中心提供数据支撑	

6.3.8 气象装备输出推进路线(表 6.9)

表 6.9 气象装备输出推进路线图

	2020 年以前	2020 年以后
优先进入国家(区域)	老挝、柬埔寨、马尔代夫、斯里兰卡、巴基斯坦、孟加拉国、哈萨克斯坦、土库曼斯坦、乌兹别克斯坦、塔吉克斯坦、吉尔吉斯斯坦、卡塔尔、阿拉伯联合酋长国、沙特阿拉伯、阿曼、阿塞拜疆、伊朗、约旦、格鲁吉亚、亚美尼亚、罗马尼亚	“一带一路”沿线所有国家
服务发展任务	装备核心技术研发能力、核心装备	根据本地化服务需要，完善装备性能
能力建设任务	产业配套能力，自主核心技术，产品适用性	海外市场拓展能力
推进方式	政府＋市场	
国内支撑建议	中国气象局气象探测中心、气象装备仪器生产企业产品研发	

6.3.9 灾害应急装备输出推进路线(表 6.10)

表 6.10 灾害应急装备输出推进路线图

	2020 年以前	2020 年以后
优先进入国家(区域)	蒙古、马来西亚、泰国、印度尼西亚、菲律宾、越南、老挝、缅甸、柬埔寨、尼泊尔、马尔代夫、印度、巴基斯坦、孟加拉国、斯里兰卡、哈萨克斯坦、乌兹别克斯坦、塔吉克斯坦、吉尔吉斯斯坦、沙特阿拉伯、伊朗	“一带一路”沿线剩余其他国家
服务发展任务	(1)灾害应急监测装备; (2)灾害应急救援装备; (3)灾害应急保障装备; (4)灾害应急技术输出; (5)灾害应急装备维护	(1)建设灾害应急联动装备保障体系; (2)升级灾害应急服务业态; (3)打造灾害应急产业链和制造基地
能力建设任务	(1)加快应急装备制造业产能升级和创新; (2)加快推进应急装备制造标准国际化; (3)加快建设灾害应急装备认证体系	(1)加强灾害应急产业融合升级; (2)加快打造灾害应急产业龙头; (3)加快推动与当地政企部门合作
推进方式	政府+市场	市场
国内支撑建议	公共气象服务中心、相关省局以及涉及的相关部门、省份、企业、机构等充分参与	

6.3.10 气象观测解决方案输出推进路线(表 6.11)

表 6.11 气象解决方案输出推进路线图

	2020 年以前	2020 年以后
优先进入国家(区域)	老挝、柬埔寨、马尔代夫、斯里兰卡、巴基斯坦、孟加拉国、哈萨克斯坦、土库曼斯坦、乌兹别克斯坦、塔吉克斯坦、吉尔吉斯斯坦、卡塔尔、阿拉伯联合酋长国、沙特阿拉伯、阿曼、阿塞拜疆、伊朗、约旦、格鲁吉亚、亚美尼亚	“一带一路”沿线所有国家
服务发展任务	对外服务国内产业链的形成	部分环节生产加工技术输出与服务效益提升
能力建设任务	提供完整的设施产品、软件应用、数据分析、产品加工服务	产业渗透能力
推进方式	市场	
国内支撑建议	气象装备仪器生产、营销、维护企业服务能力提升	

6.3.11 区域气候变化评估服务推进路线(表 6.12)

表 6.12 区域气候变化评估服务推进路线图

	2020 年以前	2020 年以后
优先进入国家(区域)	马来西亚、泰国、柬埔寨、马尔代夫、斯里兰卡、巴基斯坦、哈萨克斯坦、土库曼斯坦、乌兹别克斯坦、塔吉克斯坦、吉尔吉斯斯坦、卡塔尔、阿拉伯联合酋长国、以色列、沙特阿拉伯	新加坡、斯洛文尼亚、爱沙尼亚、捷克、拉脱维亚、罗马尼亚、匈牙利、克罗地亚、波兰、立陶宛
服务发展任务	开展区域气候变化归因分析,气候变化预估;适应性对策分析;环境承载力评估	持续开展前述能力建设工作;为区域应对气候变化提供技术支撑
能力建设任务	提高减排对策研究	引领区域气候治理
推进方式	政府+社会	
国内支撑建议	国家气候中心提供支撑保障	

6.3.12 气象灾害风险管理服务推进路线(表 6.13)

表 6.13 气象灾害风险管理服务推进路线图

	2020 年以前	2020 年以后
优先进入国家(区域)	泰国、越南、老挝、缅甸、柬埔寨、斯里兰卡、印度、孟加拉、尼泊尔、巴基斯坦、哈萨克斯坦、乌兹别克斯坦、塔吉克斯坦、吉尔吉斯斯坦	“一带一路”沿线剩余其他国家
服务发展任务	气象灾害风险识别、气象灾害风险区划、气象灾害风险评估和气象灾害风险转移技术输出	建立信息传播、防灾减灾决策、灾害应对动员、灾害风险管理等方面的交流合作机制
能力建设任务	加强气象灾害风险区划以及气象灾害风险评估技术、方法和系统研发	输出气象灾害治理链经验
推进方式	政府	政府+社会
国内支撑建议	国家气象中心、国家气候中心和公共气象服务中心提供核心技术和服务支撑	

6.3.13 人工影响天气技术服务推进路线(表 6.14)

表 6.14 人工影响天气技术服务推进路线图

	2020年以前	2020年以后
优先进入国家(区域)	蒙古、泰国、越南、缅甸、柬埔寨、印度、巴基斯坦、哈萨克斯坦、乌兹别克斯坦、塔吉克斯坦、吉尔吉斯斯坦	以色列、格鲁吉亚、巴勒斯坦、亚美尼亚、叙利亚、也门、阿富汗、埃及
服务发展任务	在当地开展抗旱人工增雨(雪)服务和人工防雹常规性服务,局地突发性森林或草原火灾的人工增雨,在非旱季和非旱区、在江河流域和大型水库等蓄水区开展人工增雨(雪)作业;推动作业条件监测预报技术、作业决策指挥技术、效果评估技术、装备保障技术输出	机场或局地所需求的消雾等人工影响天气应急性服务,保障重大社会活动顺利进行的人工消减云雨等重大社会活动保障服务,以保护生态环境为目的的空中云水资源开发服务
能力建设任务	建设系列化作业飞机和探测飞机,列装现代化地面作业装备,提高作业能力;加强试验示范基地建设和关键技术研发,提高科技支撑能力;建立完善人工影响天气探测系统,提高决策指挥水平;加强作业条件监测预报、作业决策指挥、效果评估能力建设	
推进方式	政府+市场	
国内支撑建议	国家人工影响天气中心、区域人工影响天气中心提供技术支撑	

6.3.14 防雷技术服务推进路线(表 6.15)

表 6.15 防雷技术服务推进路线图

	2020年以前	2020年以后
优先进入国家(区域)	印度尼西亚、柬埔寨、不丹、尼泊尔	
服务发展任务	雷电监测、雷电预报预警、防雷装置检测、防雷工程设计、防雷工程施工技术输出及开展相关服务	雷电灾害风险评估
能力建设任务	加强雷电监测、雷电预报预警能力建设,提高雷电灾害风险评估科技水平	
推进方式	政府+市场	
国内支撑建议	各省防雷技术单位、市场提供针对性服务产品	

6.3.15 智能预警接收终端输出推进路线(表 6.16)

表 6.16 智能预警接收终端输出推进路线图

	2020 年以前	2020 年以后
优先进入国家(区域)	蒙古、马来西亚、泰国、印度尼西亚、菲律宾、越南、老挝、缅甸、柬埔寨、尼泊尔、马尔代夫、印度、巴基斯坦、孟加拉国、斯里兰卡、哈萨克斯坦、乌兹别克斯坦、塔吉克斯坦、吉尔吉斯斯坦、沙特阿拉伯、伊朗	“一带一路”沿线剩余其他国家
服务发展任务	(1)推动预警信息快速发布; (2)实现预警信息传输渠道多样化; (3)实现预警信息接收终端标准化; (4)实现预警信息高效率覆盖	(1)输出预警发布接收一体化解决方案; (2)打造预警接收产业链和制造基地
能力建设任务	(1)加快预警传输关键技术装备研发; (2)优化预警装备产业结构; (3)建立输出一体化解决方案; (4)推动预警接收终端产业聚合发展,形成产业集群; (5)推动预警产业标准国际化	(1)加强预警产业科技创新; (2)加强智能预警产业龙头打造; (3)加快推动与当地政企部门合作
推进方式	政府+市场	市场
国内支撑建议	涉及的部门、省份、企业、机构等充分参与	

6.3.16 气象影视服务推进路线(表 6.17)

表 6.17 气象影视服务推进路线图

	2020 年以前	2020 年以后
优先进入国家(区域)	蒙古、马来西亚、泰国、印度尼西亚、菲律宾、越南、老挝、缅甸、柬埔寨、尼泊尔、马尔代夫、印度、巴基斯坦、孟加拉国、斯里兰卡、哈萨克斯坦、乌兹别克斯坦、塔吉克斯坦、吉尔吉斯斯坦、沙特阿拉伯、伊朗	“一带一路”沿线剩余其他国家
服务发展任务	(1)气象影视服务内容和产品输出; (2)气象影视产品一体化加工技术输出; (3)气象影视内容合作	(1)气象影视资源共建共享; (2)气象影视产业基地打造

续表

	2020年以前	2020年以后
能力建设任务	(1)加强气象影视制作能力建设； (2)加强自主气象影视系统研发； (3)加强气象影视服务国际化标准建设； (4)加强气象影视服务输出战略研究	(1)加强气象影视产业发展升级； (2)加强气象影视产业市场化进程
推进方式	政府＋市场	市场
国内支撑建议	涉及的部门、省份、企业、机构等可充分参与	

6.3.17 交通(陆上)气象服务推进路线(表6.18)

表6.18 交通(陆上)气象服务推进路线图

	2020年以前	2020年以后
优先进入国家(区域)	印度尼西亚、老挝、柬埔寨、印度、巴基斯坦、土库曼斯坦、塔吉克斯坦、吉尔吉斯斯坦、以色列、捷克、斯洛伐克、罗马尼亚、波黑、阿尔巴尼亚、摩尔多瓦、伊朗、阿塞拜疆、约旦、斯洛文尼亚、克罗地亚、埃及	新加坡、马尔代夫、斯里兰卡、孟加拉国、哈萨克斯坦、乌兹别克斯坦、卡塔尔、阿拉伯联合酋长国、沙特阿拉伯、阿曼、格鲁吉亚、亚美尼亚、爱沙尼亚、拉脱维亚、立陶宛、波兰、匈牙利、俄罗斯联邦、白俄罗斯、乌克兰、蒙古、文莱、马来西亚、泰国、东帝汶、菲律宾、越南、缅甸、不丹、尼泊尔、阿富汗、科威特、巴林、土耳其、黎巴嫩、伊拉克、巴勒斯坦、叙利亚、也门、保加利亚、黑山、塞尔维亚、马其顿
服务发展任务	针对多发灾害性天气提供公路、铁路交通干线气象灾害监测、高影响天气要素预报及灾害预警服务；开展相关技术、系统和设备输出	开展交通气象评估论证和规划，提供公路建设和交通运输路线选择气象评估服务，开展道路紧急救援和维护气象服务

续表

	2020 年以前	2020 年以后
能力建设任务	发展精细化的公路交通气象低能见度、路面状况(温度、结冰、积雪)等的预报模型;建立公路、铁路沿线大风、强降水、冰雪、雷电等气象灾害监测预警指标体系,发展基于多源观测数据和区域数值模式的短临(时)预报模型,开展交通气象灾害风险评估和基于影响的高时空分辨率交通气象灾害预警技术研究;发展社会化观测数据处理技术;推进"丝绸之路经济带"国际公路、铁路运输通道交通气象监测站网建设以及国内交通气象监测站网布局优化;建立健全国家间的交通气象要素监测信息交换机制,构建气象观测资料汇交网络	开展国际交通气候区划;建设由气象环境道路监测系统、车辆安全行使提示系统、智能化气象信息发布系统、道路紧急救援及排除天气故障(如除雾、除雪、消冰)系统及高速公路交通管理系统构成的不利气候条件下高速公路行车安全保障体系
推进方式	政府+市场+社会	
国内支撑建议	公共气象服务中心、江苏省气象局,交通运输部,黑龙江、辽宁、吉林、内蒙古、新疆、西藏、云南、广西、广东省(区)气象部门,交通气象观测站生产厂商	

6.3.18 交通(航空)气象服务推进路线(表 6.19)

表 6.19 交通(航空)气象服务推进路线图

	2020 年以前	2020 年以后
优先进入国家(区域)	新加坡、老挝、马尔代夫、巴基斯坦、土库曼斯坦、乌兹别克斯坦、阿拉伯联合酋长国、以色列、阿曼、伊朗、亚美尼亚、捷克、斯洛伐克、俄罗斯、白俄罗斯、埃及、孟加拉国、塔吉克斯坦、阿塞拜疆、约旦、斯洛文尼亚、克罗地亚、埃及、孟加拉国	巴基斯坦、哈萨克斯坦、土库曼斯坦、乌兹别克斯坦、塔吉克斯坦、吉尔吉斯斯坦、卡塔尔、沙特阿拉伯、格鲁吉亚、亚美尼亚、爱沙尼亚、斯洛伐克、罗马尼亚、摩尔多瓦、蒙古、文莱、马来西亚、泰国、东帝汶、菲律宾、越南、缅甸、不丹、尼泊尔、阿富汗、科威特、巴林、土耳其、黎巴嫩、伊拉克、巴勒斯坦、叙利亚、也门、保加利亚、黑山、塞尔维亚、马其顿

续表

	2020年以前	2020年以后
服务发展任务	开展航线和机场终端天气监测预报预警服务，提供机场选址、机场气象观测设施建设、气象保障人员培训等服务	开展国际航线气象服务工作
能力建设任务	提升航空气象信息收集整理能力；发展中高空数值预报产品的航空气象释用技术，发展全球主要航路危险天气指导预报业务、航线天气要素精细化预报技术；建立机场终端区高影响天气预报警报业务；提高航空气象咨询信息发布服务能力	完善开航及航线规划分析能力；通过数值模式进行长期航班调整
推进方式	市场＋社会	
国内支撑建议	国家气象中心，民用航空局、航空气象中心，广东、甘肃、陕西、新疆、广西、云南、福建、宁夏等省（区）气象部门	

6.3.19 海洋气象服务推进路线（表6.20）

表6.20 海洋气象服务推进路线图

	2020年以前	2020年以后
优先进入国家（区域）	新加坡、文莱、马来西亚、泰国、印度尼西亚、菲律宾、越南、马尔代夫、斯里兰卡、印度、孟加拉	东帝汶、土耳其、安曼、捷克、斯洛伐克、埃及
服务发展任务	海洋气象灾害监测预警，海洋船舶气象导航和港口调度专业气象服务，海上气候资源调查评估和开发利用气象服务，海洋捕捞、近海养殖、海洋盐业、滨海旅游等海洋产业气象服务；开展相关技术输出	
能力建设任务	提高近海和远海气象资料获取能力和海洋气象精细化预报核心技术，加快海洋气象数值预报和资料同化等核心技术、海洋气象服务专业化指标体系和方法研究	
推进方式	政府＋市场＋社会	
国内支撑建议	上海、广东、浙江、福建、江苏、辽宁、广西等沿海省（区）气象部门	

6.3.20 能源(风能、太阳能)气象服务推进路线(表6.21)

表6.21 能源(风能、太阳能)气象服务推进路线图

	2020年以前	2020年以后
优先进入国家(区域)	新加坡、马来西亚、印度尼西亚、泰国、柬埔寨、马尔代夫、斯里兰卡、印度、巴基斯坦、孟加拉国、卡塔尔、阿拉伯联合酋长国、以色列、沙特阿拉伯、阿曼、阿塞拜疆、伊朗、约旦、埃及、格鲁吉亚、亚美尼亚、斯洛文尼亚、爱沙尼亚、捷克、斯洛伐克、拉脱维亚、立陶宛、波兰、克罗地亚、匈牙利、波斯尼亚和黑塞哥维那、阿尔巴尼亚、俄罗斯联邦、白俄罗斯、乌克兰、摩尔多瓦	“一带一路”沿线所有国家
服务发展任务	开展气候可行性论证、数值天气预报、功率预报、灾害预警等服务。协助“一带一路”相关国家开展风能、太阳能普查;研发“一带一路”沿线国家和地区风/光电预报技术;研究“一带一路”沿线国家和地区风/光电场资源精细评估技术和气象风险论证技术,为当地风/光电场工程设计建设服务;开展针对风电场、太阳能电场的气象监测预报预警,为风电场、太阳能电场正常运行提供气象保障服务	加强“一带一路”沿线地区能源电力气象服务。包括面向区域发展规划和重大工程建设的气候和气候变化服务(气候可行性论证服务)。推动标准化服务能力建设
能力建设任务	核心的风能、太阳能预报模式与国外相比具有一定差距,研发的产品与行业结合度相对较低,重点是提高精细化气象预报准确率和时效性	提高精细化气象预报准确率和时效性
推进方式	政府+市场+社会	市场
国内支撑建议	国家能源局,风能、太阳能资源中心,国内风电企业	

6.3.21 电力气象服务推进路线(表6.22)

表6.22 电力气象服务推进路线图

	2020年以前	2020年以后
优先进入国家(区域)	新加坡、马来西亚、马尔代夫、哈萨克斯坦、土库曼斯坦、卡塔尔、阿拉伯联合酋长国、以色列、沙特阿拉伯、阿曼、阿塞拜疆、伊朗、约旦、斯洛文尼亚、爱沙尼亚、捷克、斯洛伐克、拉脱维亚、立陶宛、波兰、克罗地亚、匈牙利、罗马尼亚、波斯尼亚和黑塞哥维那、俄罗斯联邦、白俄罗斯、乌克兰	“一带一路”沿线剩余其他国家

续表

	2020年以前	2020年以后
服务发展任务	(1)开展核电安全运行气象监测、预测、预警服务，加强核电安全运行气象保障，开展核电气候可行性论证和气象灾害风险评估； (2)开展国家电力调度、电网安全运行气象服务，完善电力负荷预报、发电功率预测和电力气象灾害风险评估技术方法，建立电力负荷预报模型和电力气象灾害风险评估模型，开展气象灾害对电网影响的风险评估，实现区域和输电线沿线的电力气象灾害风险评估和预警	继续开展上述电力气象服务。加强电力气象服务标准化建设。加强“一带一路”沿线地区电信设施气象服务
能力建设任务	提升气象服务针对性，重点是提高精细化气象预报准确率和时效性	稳步提高精细化气象预报准确率和时效性
推进方式	市场＋政府	
国内支撑建议	风能、太阳能资源中心，国内风电企业	

6.3.22　农业气象服务推进路线(表6.23)

表6.23　农业气象服务推进路线图

	2020年以前	2020年以后
优先进入国家(区域)	老挝、斯里兰卡、印度、巴基斯坦、孟加拉国、吉尔吉斯斯坦、埃及等7个农业支柱性国家，柬埔寨、乌兹别克斯坦、塔吉克斯坦、阿拉伯联合酋长国、以色列、沙特阿拉伯、阿塞拜疆、伊朗、格鲁吉亚、波兰、罗马尼亚、俄罗斯联邦、白俄罗斯等13个重点发展农业国家	越南、缅甸、不丹、尼泊尔、阿富汗、亚美尼亚、巴勒斯坦、叙利亚、摩尔多瓦等9个国家以农业为支柱性产业，主要集中在南亚和西亚地区。蒙古、泰国、东帝汶、菲律宾、匈牙利、保加利亚、塞尔维亚、马其顿、卡塔尔、哈萨克斯坦、也门等11个国家农业有一定基础或者未来是重点支持发展农业

续表

	2020 年以前	2020 年以后
服务发展任务	作物模型、遥感技术、产粮国产量预报、生态气象服务、农业气象灾害监测预警评估、设施/特色农业气象保障服务、农业病虫害发生发展气象等级预报、农用天气预报、农业气候资源普查评估、精细化农业气候资源区划。围绕保障粮食安全、促进农业技术交流和农产品贸易投资需求，开展国外种植区农业气候资源普查评估、精细化农业气候资源区划，为挖掘国外作物生产潜力、优化作物布局提供技术支撑。加强和改进国外大宗作物产量预报业务，探索开展国外种植区大宗作物产量预报，提供作物产量气象评价和预报服务。做好国外种植区农业灾害性、关键性天气预报和关键农时天气预报以及农业病虫害预报，提高农业趋利避害的能力	引入市场机制，开展更精细化的针对当地特色农产品的预警、预报、风险区划、产量预报
能力建设任务	(1)全面加强农业气象精细化预报能力； (2)根据气象条件与特色农业、设施农业、精准农业的关系，提供发展特色农业、设施农业、精准农业的气象条件利弊分析、对策与建议； (3)提供优产、优质、高效农业气象调控适用技术	以“贸易畅通”为契机，提高农业气象预报的精细化程度，重点增加农林牧渔业、农产品生产加工、海水养殖、远洋渔业等与天气气候密切相关的气象服务产品种类，积极拓展农业生产安全等方面的气象服务市场
推进方式	政府	政府＋市场
国内支撑建议	农业部、国家气象中心以及相关涉农企业	

6.3.23 仓储物流气象服务推进路线(表 6.24)

表 6.24 仓储物流气象服务推进路线图

	2020 年以前	2020 年以后
优先进入国家(区域)	马来西亚、泰国、越南、印度、阿曼	新加坡、土耳其、斯洛文尼亚、爱沙尼亚、斯洛伐克、俄罗斯
服务发展任务	开展短时临近气象预报服务，开展气象灾害预警服务	提升全流程伴随式气象服务能力
能力建设任务	在调节、检验、集散、加工、配送等环节，提高仓储气象服务针对性分析	进行仓储建设可行性论证工作
推进方式	政府＋市场	市场
国内支撑建议	国家气象中心、交通部门以及相关企业	

6.3.24 旅游气象服务推进路线(表 6.25)

表 6.25 旅游气象服务推进路线图

	2020 年以前	2020 年以后
优先进入国家(区域)	新加坡、印度尼西亚、老挝、柬埔寨、马尔代夫、斯里兰卡、印度、阿拉伯联合酋长国、以色列、阿曼、阿塞拜疆、伊朗、约旦、斯洛文尼亚、捷克、拉脱维亚、立陶宛、波兰、克罗地亚、匈牙利、罗马尼亚、波斯尼亚和黑塞哥维那、阿尔巴尼亚、俄罗斯联邦、白俄罗斯、乌克兰、埃及	蒙古、文莱、马来西亚、泰国、菲律宾、越南、缅甸、不丹、尼泊尔、科威特、巴林、土耳其、黎巴嫩、伊拉克、巴勒斯坦、保加利亚、黑山、塞尔维亚、马其顿
服务发展任务	发展旅游城市、景点、旅游交通沿线精细化天气预报;提供暴雨、山洪、雷电、冰冻等旅游气象灾害监测预报预警服务;发展旅游线路规划服务	加强旅游气象服务标准化建设
能力建设任务	开展丝路旅游气候区划、气候变化影响评估和气候风险评估;发展基于位置的精细化监测预报技术;开展天气、气候与特色景观的融合研究,研发旅游景区特殊气象景观预报技术;建立旅游气象服务指标体系,研发旅游气象指数预报服务技术	完善基于位置的按需精细化气象预报服务
推进方式	政府+市场	
国内支撑建议	国家旅游局,“一带一路”涉及的 14 个省(区、市)气象部门	

6.3.25 环境气象服务推进路线(表 6.26)

表 6.26 环境气象服务推进路线图

	2020 年以前	2020 年以后
优先进入国家(区域)	新加坡、印度尼西亚、老挝、柬埔寨、马尔代夫、斯里兰卡、印度、巴基斯坦、孟加拉国、哈萨克斯坦、土库曼斯坦、乌兹别克斯坦、塔吉克斯坦、吉尔吉斯斯坦、卡塔尔、阿拉伯联合酋长国、以色列、沙特阿拉伯、阿曼、阿塞拜疆、伊朗、约旦、格鲁吉亚、亚美尼亚、斯洛文尼亚、爱沙尼亚、捷克、斯洛伐克、拉脱维亚、立陶宛、波兰、克罗地亚、匈牙利、罗马尼亚、波斯尼亚和黑塞哥维那、阿尔巴尼亚、俄罗斯联邦、白俄罗斯、乌克兰、摩尔多瓦、埃及	蒙古、文莱、马来西亚、泰国、东帝汶、菲律宾、越南、缅甸、不丹、尼泊尔、阿富汗、科威特、巴林、土耳其、黎巴嫩、伊拉克、巴勒斯坦、叙利亚、也门、保加利亚、黑山、塞尔维亚、马其顿

续表

	2020年以前	2020年以后
服务发展任务	空气质量预报、重污染天气预报、空气污染气象条件预报和重污染天气预警服务；开展相关技术、系统和设备输出	开展“一带一路”沿线国家的空气质量预警服务技术
能力建设任务	发展环境气象综合监测业务；提高霾、沙尘暴的短时预报预警精细化水平；发展环境气象中长期预报和气候趋势预测技术	提升环境气象综合监测和共享能力
推进方式	政府＋社会	
国内支撑建议	环境保护部、区域环境气象中心、环境监测设备生产厂商	

6.3.26 健康气象服务推进路线(表6.27)

表6.27 健康气象服务推进路线图

	2020年以前	2020年以后
优先进入国家(区域)	新加坡、印度尼西亚、老挝、柬埔寨、马尔代夫、斯里兰卡、印度、巴基斯坦、孟加拉国、哈萨克斯坦、土库曼斯坦、乌兹别克斯坦、塔吉克斯坦、吉尔吉斯斯坦、卡塔尔、阿拉伯联合酋长国、以色列、沙特阿拉伯、阿曼、阿塞拜疆、伊朗、约旦、格鲁吉亚、亚美尼亚、斯洛文尼亚、爱沙尼亚、捷克、斯洛伐克、拉脱维亚、立陶宛、波兰、克罗地亚、匈牙利、罗马尼亚、波斯尼亚和黑塞哥维那、阿尔巴尼亚、俄罗斯联邦、白俄罗斯、乌克兰、摩尔多瓦、埃及	蒙古、文莱、马来西亚、泰国、东帝汶、菲律宾、越南、缅甸、不丹、尼泊尔、阿富汗、科威特、巴林、土耳其、黎巴嫩、伊拉克、巴勒斯坦、叙利亚、也门、保加利亚、黑山、塞尔维亚、马其顿
服务发展任务	发展健康气象指数预报服务；输出相关技术和系统	发展健康气象指数保险服务，开展疾病气象早期预警
能力建设任务	建立健康气象服务指标体系，研发健康气象指数预报服务技术；开展慢性非传染病、传染性疾病和生物性病原与气象条件的关系研究	开发疾病气象早期预警技术
推进方式	政府＋市场	
国内支撑建议	国家卫生和计划生育委员会，保险公司，上海市气象局	

6.4 重点任务

6.4.1 推动“中国制造”气象服务国际化

中国气象服务国际化是气象产业发展的必然趋势，积极对接“一带一路”倡议，搭乘产业出海发展之船，有效促进气象产业在服务能力、产业融合、国际化水平等方面实力的提升。重点依托中国气象部门基础业务，通过气象装备输出、技术输出、服务能力输出以及主动参与服务市场竞争等方式，推动中国气象服务“走出去”。

(1)装备输出

推动中国综合气象观测装备、人工影响天气装备、天气预报装备、气象应急保障装备等的输出。针对“一带一路”沿线气象基本业务落后的区域，重点推动中国自动气象站、无线电探空仪、GPS/MET 站、海洋气象浮标观测站、L 波段探空雷达、数字化天气雷达、移动 X 波段多普勒天气雷达等观测装备输出；针对具备一定地面观测能力，但在气象卫星资料接收处理方面能力薄弱的区域，重点推动中国卫星数据广播系统接收站、卫星天气应用平台(SWAP)和遥感监测分析应用平台(SMART)等装备输出；针对气象基础业务完整，有人工影响天气业务需求的区域，重点推动中国人工消雨、防雹的作业装备和应急气象保障装备的输出。

(2)技术输出

推动中国成熟的气象观测技术、气象数据传输技术、高分辨率区域数值预报技术、全球/区域数值天气预报技术和环境气象数值预报技术等的输出。针对“一带一路”沿线极端天气影响严重的区域，重点推动中国多普勒雷达监测技术、GRAPES-MESOMO 模式预报技术、水文气象预报技术、人工影响天气业务中增雨和防雹技术，雷电防护技术的输出；针对海洋国家的气象服务需求和重点海上工程建设，推动中国台风数值预报技术、海洋气象预报预警技术的输出；针对国土沙漠面积较多的区域，重点推动中国沙尘观测和预报服务技术、环境气象数值预报技术的输出；针对农牧业为主的区域，重点推动中国高分辨率区域数值预报技术、农业气象服务技术、卫星遥感监测技术的输出。

(3)服务输出

借助中国气象部门与“一带一路”各国气象部门的良好合作关系，加强对中国气象服务能力的宣传和输出。针对“一带一路”建设中标志性工程，如交通、能源、电力、通信、商贸、IT 制造、信息服务等基础设施建设，借助中国无缝隙、格点化、精细化、定量化的现代天气预报业务，开展专业的、有针对性的气象服务保障；针对区域地理气候特点，结合当地致灾天气特点，推动中国水文地质灾害、交通旅游、风能太阳能、环境卫生等专业气象服务能力输出；针对“一带一路”沿线公众服务能力薄弱的区域，重点推动影视气象服务、互联网气象服务、移动客户端气象服务等能力输出；针对“一带一路”沿线气象灾害致灾严重的区域，重点推动中国防灾减灾决策气象服务能力的输出。

(4)参与国际竞争

有策略、有针对性地研究“一带一路”沿线各国的气象服务需求重点，努力推动气象服务标准化建设，开展双边、多边的气象服务能力认证。打造中国气象局“中国天气”的权威品牌形象，加强基于“互联网＋”和现代气象信息技术的气象服务能力建设，推动“中国天气”品牌参与国际气象服务市场竞争。完善全球精细化、定量化、格点化的天气预报产品，充分开展气象服务市场的拓展和竞争。

6.4.2 助力中国企业“走出去”

企业是国际市场竞争的主体，是“一带一路”倡议实施的重要承载体，是在跨境高铁、陆路跨境油气管道、港口、通信和电力等领域的基础设施建设的实施主体，而“一带一路”跨国基础设施建设涉及的地域广，区域气候差异大，极端天气事件高发，大大增加了基础设施的建设难度。气象服务将主动对接中国企业“走出去”，建立“伴随式”气象服务理念，为中国企业“走出去”提供全程、优质的气象保障服务，为中国“一带一路”重点产业发展保驾护航。

(1)明确需求

加强与“一带一路”基础设施建设企业的沟通，深入分析“一带一路”重大工程勘察、设计、施工到建成后运行管理对气象服务的需求，将气象服务融入企业运行和重大工程建设的全过程。以“一带一路”能源和基础设施重大工程建设为重点，主动对接中老泰、中蒙、中俄、中巴、中吉乌、中哈、中塔阿伊、中印、中越等互联互通交通基础设施建设，中俄、中哈油气管道建设，对内连接综合运输大通道、对外辐射全球的海上丝绸之路走廊建设，环绕中国大陆的沿边沿海普通国道、沿边铁路建设，以及琼州海峡、渤海海峡跨海通道工程建设，为中国交通运输企业、能源企业等“走出去”搭建服务平台，为形成中国与周边国家和区域交通运输互联互通、能源合作新格局创造条件。

(2)全程保障

重大工程项目建设前,通过与重大工程项目执行企业的沟通,制定参与重大工程项目的全过程系列气象服务方案,并提供气候可行性论证,分析项目建设地气候条件对道路、桥梁、港口、机场、大坝、电站、管道等重大工程项目的可能影响,以及重大工程建设对当地气候和环境的影响。建设实施和运行过程中,针对工程对气象服务保障的需求,加强为重大工程服务的特种气象观测网络建设,开发重大项目建设综合气象保障服务系统,全程为重大工程建设和运行提供一系列针对性的气象保障服务。

(3)完善服务方式

发挥政府的管理服务功能,为政府引导企业“走出去”战略实施提供气象服务决策参考,及时提供气候区划分析、气候可行性论证等决策服务材料,加强防灾减灾应急管理体系建设、健全极端天气气候事件应急响应机制。发挥好市场的调节和资源配置作用,引导社会资源和民营资本参与,采用市场化模式为跨境服务企业提供针对性专业气象服务,针对重要建设路段开展气象灾害风险预警业务和重要城市精细化预报预警业务,减少气象灾害的影响。针对气象灾害多发区,开展短、中、长期灾害性天气预报和工程建设需要的精细化气象要素预报,为水电调度、交通运输气象服务,提高水利、交通、能源等基础设施在气候变化条件下的安全运营能力。

6.4.3 推动“气象+”服务“五通”

紧密围绕“政策沟通、道路联通、贸易畅通、货币流通和民心相通”对气象服务保障交通互联互通、贸易投资、旅游等领域的需求,基于前端数值预报模式的时空分辨率和准确率不断提高,发展基于影响的专业气象预报预警服务模型,重点提高交通运输、农林牧渔贸易合作及旅游领域专业气象预报预警的精细化和精准度。

(1)推进专业气象观测站网建设和资料共享

对接“一带一路”综合交通布局规划,面向西北国际公路通道、东北及内蒙古国际公路通道、西南国际公路通道等中国丝绸之路经济带三大国际公路运输通道以及亚欧铁路货运通道,重点针对黑龙江、辽宁、吉林、内蒙古、新疆、西藏、云南、广西、广东九省(区)公路对外通道,以及通过俄罗斯西伯利亚铁路的北部亚欧通道、通过第二亚欧大陆桥的中部亚欧铁路通道、正在策划中的南部铁路亚欧铁路通道的气象服务需求,推进“丝绸之路经济带”国际公路、铁路运输通道交通气象监测站网建设以及国内交通气象监测站网布局优化，将气象观测设施纳入“一带一路”重点工程和基础设施建设内容，对外援建气象观测设备，在基础设施建设较为落后的南亚、中亚国家的重点区域建设气象观测站；建立健全国家间的交通气象要素监测信息交换机制，构建气象观测资料共享网络，扩大国与国之间的资料共享交换范围和频次，实现交通气象服务以基本气象观测资料为主向覆盖公路路面、铁路沿线等专业气象观测资料的拓展。

(2)加快发展公路、铁路交通气象服务

围绕“丝绸之路经济带”公路、铁路运输的专门需求，针对涉及地区多发的暴雨洪涝、大风、暴雪、高温、寒潮等灾害性天气，提供公路、铁路交通干线气象灾害监测服务，发展精细化的公路交通气象低能见度、路面状况(温度、结冰、积雪)等的预报模型。建立公路、铁路沿线大风、强降水、冰雪、雷电等气象灾害监测预警指标体系，发展基于多源观测数据和区域数值模式的短临(时)预报模型，开展交通气象灾害风险评估和基于影响的高时空分辨率交通气象灾害预警技术研究，研发具有针对性的公路、铁路高影响天气预报预警服务产品和个性化指数服务产品，并通过面向专业用户的交通气象服务系统和交通气象预警设备提供服务。

(3)开展海洋和航空气象服务技术储备

开展海上大风、大雾、台风等海洋气象灾害资料收集，建立专业化的海洋气象灾害监测预警指标体系和海洋经济气象服务指标体系；发展海上大风、海温、能见度、大雾、降水等海况预报和海洋污染扩散预报技术；在此基础上发展船舶海洋导航气象服务技术，建立最优航线选取模型；深化与海事、港口、引航、渔业等部门以及相关国家的涉海监测信息共享，推动形成海洋气象灾害应急联动服务体系。紧跟“一带一路”民航航线网络建设和区域民航枢纽建设布局，推动与航空公司的飞机气象观测数据共享，推动中高空数值预报产品的航空气象释用技术、航线天气要素预报预警技术、机场终端区高影响天气预报警报技术的科技成果转化和应用。

(4)拓展农林牧渔业气象服务

围绕保障粮食安全、促进农业技术交流和农产品贸易投资需求，开展国外种植区农业气候资源普查评估、精细化农业气候资源区划，为挖掘国外作物生产潜力、优化作物布局提供技术支撑。加强和改进国外大宗作物产量预报业务，探索开展国外种植区大宗作物产量预报，提供作物产量气象评价和预报服务。做好国外种植区农业灾害性、关键性天气预报和关键农时天气预报以及农业病虫害预报，提高农业趋利避害的能力。面向“一带一路”沿线国家特定用户需求，根据气象条件与特色农业、设施农业、精准农业的关系，提供发展特色农业、设施农业、精准农业的气象条件利弊分析、对策与建议，提供优产、优质、高效农业气象调控适用技术。积极发展畜牧业、林业、水产养殖、海洋渔业、生态旅游以及粮食仓储等的气象服务。

(5)打造“丝绸之路”旅游气象服务品牌

围绕打造具有丝路特色的国际精品旅游线路和产品的总体思路，以服务入境旅游为主、出境旅游为辅，打造“丝绸之路”旅游气象服务品牌。“丝绸之路”是中国旅游最古老而且最具代表性的品牌之一，要使这条古老的旅游线路再次繁荣，要从天气对人们旅游、出行的影响考虑，开展丝路旅游气候区划、气候变化影响评估和气候风险评估，提供全国旅游适宜落区图和适宜旅游的季节等信息；提供聚焦至旅游城市、著名景点及交通沿线的精细化天气实况监测、预报预警服务；发展气象景观预报，培育具有丝绸之路特色的精品气象旅游线路，实现跨地域、跨部门、跨行业的旅游资源、气象服务、交通出行、海洋天气等信息的汇集、综合显示和精准分发。面向出境旅游，针对“一带一路”沿线国家重点旅游区域、重点旅游线路、重点旅游城市、重点旅游景区和旅游交通干线天气的监测和预报，为游客出行提供及时、准确的气象预报服务信息。建立开放合作机制，与“一带一路”沿线国家联合开展观光旅游、休闲旅游、滑雪旅游、油轮旅游、滨海旅游、山地旅游、森林旅游、生态旅游等气象服务示范区建设。

6.4.4 加强“一带一路”气象服务规划设计和重大项目建设

围绕中国气象服务“走出去”、护航“一带一路”产业发展和保障通路、通航、通商安全以及促进丝绸之路沿线国家和地区文化往来交流等重点任务，组织制定“一带一路”气象服务发展规划，明确规划目标、重点任务、行动计划和重大标志性工程，做好“一带一路”气象服务顶层设计。推动建设适应“一带一路”需求的、广覆盖的气象观测系统以及精准化的气象预报系统和专业化的气象服务系统，增强气象服务在“一带一路”建设的支撑保障能力。按照“建设一批、启动一批、储备一批”的原则，建立“一带一路”气象服务重大项目库，并根据需要从各地项目中及时优选、滚动调整和补充。重点推进“一带一路”交通气象灾害风险辨识与预报预警服务、“一带一路”精细化旅游气象服务、“一带一路”能源气象服务、海上丝绸之路气象保障工程、“一带一路”沿线国家人工影响天气示范建设、“一带一路”综合气象信息交互网络、“一带一路”沿线国家气象服务中心示范建设、气象卫星遥感数据应用项目等建设。

6.4.5 强化面向全球的精细化气象监测预报服务能力

(1)强化面向全球的精细化服务能力

建立覆盖“一带一路”沿线国家的精细化预报服务业务，以东北、西北、西南和乌鲁木齐区域数值预报模式系统为基础，建立涵盖中亚和东南亚国家空间分辨率 3 千米、逐 3 小时更新的精细化、格点化预报服务业务，实现“一带一路”重要城市、港口以及重要节点的定点、定时、定量预报服务和基于位置的气象服务。完善气象预警信息发布网络，以现有的气象预警信息发布网络为基础，建立“一带一路”沿线一体化的气象信息全媒体(电视、网站、广播、手机客户端)发布体系，建立覆盖中亚和南亚地区的多语种精细化气象服务网站，联合研发“一带一路”多语种气象服务影视节目，实现对中亚和南亚重点城市气象服务信息的全覆盖。建设以海洋气象广播系统和北斗卫星预警发布系统为核心，结合电视、网络、手机等多种手段的海洋信息发布网络，实现对“一带一路”海洋信息的全覆盖。强化全球海洋气象服务，加强南海台风监测预警中心和东海海洋气象中心建设，构建针对海上强对流天气和海上大风、海雾等海洋气象灾害的精细化预报服务体系，建设南海台风监测预警及服务中英文网站，开展全球海洋气象导航服务，为“一带一路”任意航线、全球重要港口提供跟踪式的实时天气预警和海上关注的各类天气预报预警信息。

(2)强化面向全球的精细化预报能力

在站点预报、模式性能分析的基础上，形成包括西亚、南亚、东南亚和北印度洋、南海等区域的“一带一路”网格化气象要素预报技术，建立“一带一路”精细化气象要素预报系统(业务)，实现“一带一路”沿线主要城市、港口、口岸和交通枢纽站点一天 4 次、最长预报时效 15 天、最小时间分辨率 1 小时的精细化气象要素预报，与站点预报相融合的“一带一路”沿线网格化气象要素预报(陆上和海上)，在此基础上，实现“一带一路”沿线任意点和交通沿线的气象要素预报，预报产品通过网站等方式提供服务。加强南海台风监测预警中心建设，加强南海台风等海洋气象监测预警业务规范建设和核心技术研发，着力提升南海区域台风监测预警和服务能力。加强南海区域数值预报能力建设，发展南海台风模式、海洋模式，提高模式的计算精度和稳定性，提高异常台风路径预报。加强沙尘暴预警中心建设，研发沙尘暴天气监测技术，提升沙尘暴预报预警能力。加强亚洲航空气象中心支撑能力建设，完善“亚洲航空气象服务网建设”，研发监测、分析、指导预报等产品，建立覆盖亚洲区域的业务区域模式系统。加强亚洲延伸期—月—季—年气候预测能力建设，针对“一带一路”地区的关键环流系统，进一步分析动力气候模式对延伸期重大天气过程转折性预测的能力，基于延伸期动力预报模式结合统计方法开发延伸期释用技术。发展多模式集成客观预测和降尺度解释应用技术，建立中国多模式集合预测系统，研发分辨率为30千米的月、季全球温度、降水格点预测产品。

（3）强化面向“一带一路”的数据支撑保障能力

增强气象数据收集与共享能力，依托北京全球信息服务中心及WIS通信网络和互联网，采用云计算、大数据分析、数据挖掘和移动互联等技术，进一步加强中国气象局的气象数据收集、分发与共享服务能力，支持“一带一路”沿线国家便捷获取气象观测数据和数值模式、精细化预报等产品。增强“一带一路”沿线国家间的气象通信能力，采用“互联网＋”等技术，利用CMACast接收站等，为“一带一路”沿线国家提供气象数据快速分发服务，提升相关国家数据收集和服务支撑能力。建立完善区域数据共享及合作交流机制，以中国—东盟气象合作论坛、中亚大气科学研究中心为平台，建立中国—中亚和中国—东南亚数据共享机制，开展气象服务技术交流，特别是开展气象灾害风险预警、精细化预报服务、“互联网＋”信息发布技术的培训和援助，联合开展沿线主要气象灾害的预报预警服务。

6.5 推进方式

6.5.1 整合服务资源，打造出海航母

以推进“一带一路”气象服务为契机，整合国家气象服务资源，以国家级气象服务业务单位为龙头，统一对外气象服务品牌、规范服务标准，打造中国海外天气服务航母，以集约化的科技、业务实力积极参与“一带一路”沿线国家气象服务国际竞争。

建立“一带一路”综合信息交互网络，为“一带一路”气象服务提供技术支撑，重点解决“一带一路”沿线国家气象服务相关观测数据、经济社会状况以及气象服务需求方面信息资料不足的问题；建立“一带一路”国家气象服务需求信息数据收集分析系统，及时向气象服务单位、企业提供动态的产业发展、投资生产决策等服务信息，为气象服务科学决策提供决策支撑。

6.5.2 建设区域示范，提高中国气象服务国际声誉

在充分调研了解不同国家气象服务环境、能力和需求的基础上，建立“一带一

路”气象服务战略支撑点，选择与中国气象服务合作基础较好，分布合理，气象观测、服务能力亟待加强，气象服务需求迫切的国家或地区开展气象服务海外中心建设示范，逐步实现以服务能力为基础，以海外中心为依托，以稳定提供优质服务为目标的区域气象服务发展策略，以点带面，稳步推进气象服务在重点区域的示范作用，提高中国气象服务在海外的能力和声誉。

以区域气象服务需求为基础，以“一带一路”气象服务重点、难点为对象，在互利共赢的前提下，与相关国家或地区共建气象灾害联合实验室(研究中心)，实现气象灾害防御关键技术能力的集中攻关。从区域气象分布看，东南亚地区的热带气旋研究、南亚地区热带季风气候及暴雨研究、欧亚大陆地区大陆性气候，以及荒漠区农业生产、寒潮、低温冰冻研究等都对“一带一路”气象服务能力和国内相关气象服务技术能力的提升具有重要价值。

6.5.3 依托协会组织，搭建气象服务推介平台

充分利用中国气象服务协会等产业集结平台功能，以气象服务推介会等形式，有针对性地定期开展产品交流活动，摸查中国大型国有企业“走出去”的气象服务需求，广泛联系气象服务技术资源和气象服务企业生产资源，为中国大型国有企业“走出去”提供软硬件结合、各类专业服务手段齐全的综合气象服务解决方案，同时有力拓展中国气象服务企业海外业务发展空间。

6.5.4 借力国际平台，推动新型国际合作机制建立

发挥中国作为WMO区域中心现有多边合作机制的作用，以国家推进“一带一路”多边合作项目及亚投行基础设施项目为契机，探索“一带一路”气象服务领域多边合作平台的建设。以此为基础，逐步推动建立完善的“一带一路”国家双边联合工作机制，协调推动合作项目实施，实现气象服务国家规划制定的合作机制，通过签署双边合作备忘录或合作规划，有针对性地加强与重点国家国际项目合作机制研究，建设一批双边合作气象服务示范项目。

参考文献

国家发展和改革委员会，外交部，商务部，2015. 推动共建丝绸之路经济带和21世纪海上丝绸之路的愿景与行动[EB/OL].（2015-06-08）[2017-09-28]. http://www. xinhuanet. com/gangao/2015-06/08/c_127890670. htm.

国家发展和改革委员会，中国气象局，国家海洋局，2016. 海洋气象发展规划（2016—2025年）[EB/OL].（2016-01-05）[2017-09-12]. http://www. ndrc. gov. cn/gzdt/201602/t20160224_784407. html.

韩鹏，钱洪宝，2015. 海洋科技在21世纪海上丝绸之路建设中的作用[J]. 海洋技术学报，34(3)：122-124.

江然，官秀珠，2015. "一带一路"战略下深化海峡两岸气象科技交流与合作的探讨[J]. 海峡科学，(9)：31-33.

刘赐贵，2014. 发展海洋合作伙伴关系推进21世纪海上丝绸之路建设的若干思考[J]. 国际问题研究，(4)：1-8.

刘卫东，田锦尘，欧晓理，等，2017. "一带一路"战略研究[M]. 北京：商务印书馆.

柳思思，2014. "一带一路"：跨境次区域合作理论研究的新进路[J]. 南亚研究，(2)：9-10.

田惠敏，田天，曾琬云，2015. 中国"一带一路"战略研究[J]. 中国市场，(21)：10-12.

王慧，李廷廷，2014. 气候变化背景下海洋安全的新挑战[J]. 浙江海洋学院学报(人文科学版)，31(3)：1-6.

夏立平，2015. 论共生系统理论视阈下的"一带一路"建设[J]. 同济大学学报(社会科学版)，26(2)：39.

叶琪，2015. "一带一路"背景下的环境冲突与矛盾化解[J]. 现代经济探讨，(5)：30-34.

张勇，2014. 略论21世纪海上丝绸之路的国家发展战略意义[J]. 中国海洋大学学报(社会科学版)，(5)：13-18.

郑志来，2015. 东西部省份"一带一路"发展战略与协同路径研究[J]. 当代经济管理，37(7)：44-48.

朱时雨，王玉，2015. 21世纪海上丝绸之路航道安全探析[J]. 交通运输研究，1(2)：8-13.

附录 A

推动共建丝绸之路经济带和21世纪海上丝绸之路的愿景与行动

（国家发展和改革委员会　外交部　商务部）

前　言

2000多年前，亚欧大陆上勤劳勇敢的人民，探索出多条连接亚欧非几大文明的贸易和人文交流通路，后人将其统称为“丝绸之路”。千百年来，“和平合作、开放包容、互学互鉴、互利共赢”的丝绸之路精神薪火相传，推进了人类文明进步，是促进沿线各国繁荣发展的重要纽带，是东西方交流合作的象征，是世界各国共有的历史文化遗产。

进入21世纪，在以和平、发展、合作、共赢为主题的新时代，面对复苏乏力的全球经济形势，纷繁复杂的国际和地区局面，传承和弘扬丝绸之路精神更显重要和珍贵。

2013年9月和10月，中国国家主席习近平在出访中亚和东南亚国家期间，先后提出共建“丝绸之路经济带”和“21世纪海上丝绸之路”（以下简称“一带一路”）的重大倡议，得到国际社会高度关注。中国国务院总理李克强参加2013年中国—东盟博览会时强调，铺就面向东盟的海上丝绸之路，打造带动腹地发展的战略支点。加快“一带一路”建设，有利于促进沿线各国经济繁荣与区域经济合作，加强不同文明交流互鉴，促进世界和平发展，是一项造福世界各国人民的伟大事业。

“一带一路”建设是一项系统工程，要坚持共商、共建、共享原则，积极推进沿线国家发展战略的相互对接。为推进实施“一带一路”重大倡议，让古丝绸之路焕发新的生机活力，以新的形式使亚欧非各国联系更加紧密，互利合作迈向新的历史高度，中国政府特制定并发布《推动共建丝绸之路经济带和21世纪海上丝绸之路的愿景与行动》。

一、时代背景

当今世界正发生复杂深刻的变化，国际金融危机深层次影响继续显现，世界经济缓慢复苏、发展分化，国际投资贸易格局和多边投资贸易规则酝酿深刻调整，各国面临的发展问题依然严峻。共建“一带一路”顺应世界多极化、经济全球化、文化多样化、社会信息化的潮流，秉持开放的区域合作精神，致力于维护全球自由贸易体系和开放型世界经济。共建“一带一路”旨在促进经济要素有序自由流动、资源高效配置和市场深度融合，推动沿线各国实现经济政策协调，开展更大范围、更高水平、更深层次的区域合作，共同打造开放、包容、均衡、普惠的区域经济合作架构。共建“一带一路”符合国际社会的根本利益，彰显人类社会共同理想和美好追求，是国际合作以及全球治理新模式的积极探索，将为世界和平发展增添新的正能量。

共建“一带一路”致力于亚欧非大陆及附近海洋的互联互通，建立和加强沿线各国互联互通伙伴关系，构建全方位、多层次、复合型的互联互通网络，实现沿线各国多元、自主、平衡、可持续的发展。“一带一路”的互联互通项目将推动沿线各国发展战略的对接与耦合，发掘区域内市场的潜力，促进投资和消费，创造需求和就业，增进沿线各国人民的人文交流与文明互鉴，让各国人民相逢相知、互信互敬，共享和谐、安宁、富裕的生活。

当前，中国经济和世界经济高度关联。中国将一以贯之地坚持对外开放的基本国策，构建全方位开放新格局，深度融入世界经济体系。推进“一带一路”建设既是中国扩大和深化对外开放的需要，也是加强和亚欧非及世界各国互利合作的需要，中国愿意在力所能及的范围内承担更多责任义务，为人类和平发展作出更大的贡献。

二、共建原则

恪守联合国宪章的宗旨和原则。遵守和平共处五项原则，即尊重各国主权和领土完整、互不侵犯、互不干涉内政、和平共处、平等互利。

坚持开放合作。“一带一路”相关的国家基于但不限于古代丝绸之路的范围，各国和国际、地区组织均可参与，让共建成果惠及更广泛的区域。

坚持和谐包容。倡导文明宽容，尊重各国发展道路和模式的选择，加强不同文明之间的对话，求同存异、兼容并蓄、和平共处、共生共荣。

坚持市场运作。遵循市场规律和国际通行规则，充分发挥市场在资源配置中的决定性作用和各类企业的主体作用，同时发挥好政府的作用。

坚持互利共赢。兼顾各方利益和关切，寻求利益契合点和合作最大公约数，体现各方智慧和创意，各施所长，各尽所能，把各方优势和潜力充分发挥出来。

三、框架思路

"一带一路"是促进共同发展、实现共同繁荣的合作共赢之路，是增进理解信任、加强全方位交流的和平友谊之路。中国政府倡议，秉持和平合作、开放包容、互学互鉴、互利共赢的理念，全方位推进务实合作，打造政治互信、经济融合、文化包容的利益共同体、命运共同体和责任共同体。

"一带一路"贯穿亚欧非大陆，一头是活跃的东亚经济圈，一头是发达的欧洲经济圈，中间广大腹地国家经济发展潜力巨大。丝绸之路经济带重点畅通中国经中亚、俄罗斯至欧洲(波罗的海)；中国经中亚、西亚至波斯湾、地中海；中国至东南亚、南亚、印度洋。21世纪海上丝绸之路重点方向是从中国沿海港口过南海到印度洋，延伸至欧洲；从中国沿海港口过南海到南太平洋。

根据"一带一路"走向，陆上依托国际大通道，以沿线中心城市为支撑，以重点经贸产业园区为合作平台，共同打造新亚欧大陆桥、中蒙俄、中国—中亚—西亚、中国—中南半岛等国际经济合作走廊；海上以重点港口为节点，共同建设通畅安全高效的运输大通道。中巴、孟中印缅两个经济走廊与推进"一带一路"建设关联紧密，要进一步推动合作，取得更大进展。

"一带一路"建设是沿线各国开放合作的宏大经济愿景，需各国携手努力，朝着互利互惠、共同安全的目标相向而行。努力实现区域基础设施更加完善，安全高效的陆海空通道网络基本形成，互联互通达到新水平；投资贸易便利化水平进一步提升，高标准自由贸易区网络基本形成，经济联系更加紧密，政治互信更加深入；人文交流更加广泛深入，不同文明互鉴共荣，各国人民相知相交、和平友好。

四、合作重点

沿线各国资源禀赋各异，经济互补性较强，彼此合作潜力和空间很大。以政策沟通、设施联通、贸易畅通、资金融通、民心相通为主要内容，重点在以下方面加强合作。

政策沟通。加强政策沟通是"一带一路"建设的重要保障。加强政府间合作，积极构建多层次政府间宏观政策沟通交流机制，深化利益融合，促进政治互信，达成合作新共识。沿线各国可以就经济发展战略和对策进行充分交流对接，共同制定推进区域合作的规划和措施，协商解决合作中的问题，共同为务实合作及大型项目实施提供政策支持。

设施联通。基础设施互联互通是“一带一路”建设的优先领域。在尊重相关国家主权和安全关切的基础上，沿线国家宜加强基础设施建设规划、技术标准体系的对接，共同推进国际骨干通道建设，逐步形成连接亚洲各次区域以及亚欧非之间的基础设施网络。强化基础设施绿色低碳化建设和运营管理，在建设中充分考虑气候变化影响。

抓住交通基础设施的关键通道、关键节点和重点工程，优先打通缺失路段，畅通瓶颈路段，配套完善道路安全防护设施和交通管理设施设备，提升道路通达水平。推进建立统一的全程运输协调机制，促进国际通关、换装、多式联运有机衔接，逐步形成兼容规范的运输规则，实现国际运输便利化。推动口岸基础设施建设，畅通陆水联运通道，推进港口合作建设，增加海上航线和班次，加强海上物流信息化合作。拓展建立民航全面合作的平台和机制，加快提升航空基础设施水平。

加强能源基础设施互联互通合作，共同维护输油、输气管道等运输通道安全，推进跨境电力与输电通道建设，积极开展区域电网升级改造合作。

共同推进跨境光缆等通信干线网络建设，提高国际通信互联互通水平，畅通信息丝绸之路。加快推进双边跨境光缆等建设，规划建设洲际海底光缆项目，完善空中（卫星）信息通道，扩大信息交流与合作。

贸易畅通。投资贸易合作是“一带一路”建设的重点内容。宜着力研究解决投资贸易便利化问题，消除投资和贸易壁垒，构建区域内和各国良好的营商环境，积极同沿线国家和地区共同商建自由贸易区，激发释放合作潜力，做大做好合作“蛋糕”。

沿线国家宜加强信息互换、监管互认、执法互助的海关合作，以及检验检疫、认证认可、标准计量、统计信息等方面的双多边合作，推动世界贸易组织《贸易便利化协定》生效和实施。改善边境口岸通关设施条件，加快边境口岸“单一窗口”建设，降低通关成本，提升通关能力。加强供应链安全与便利化合作，推进跨境监管程序协调，推动检验检疫证书国际互联网核查，开展“经认证的经营者”（AEO）互认。降低非关税壁垒，共同提高技术性贸易措施透明度，提高贸易自由化便利化水平。

拓宽贸易领域，优化贸易结构，挖掘贸易新增长点，促进贸易平衡。创新贸易方式，发展跨境电子商务等新的商业业态。建立健全服务贸易促进体系，巩固和扩大传统贸易，大力发展现代服务贸易。把投资和贸易有机结合起来，以投资带动贸易发展。

加快投资便利化进程，消除投资壁垒。加强双边投资保护协定、避免双重征税协定磋商，保护投资者的合法权益。

拓展相互投资领域，开展农林牧渔业、农机及农产品生产加工等领域深度合作，积极推进海水养殖、远洋渔业、水产品加工、海水淡化、海洋生物制药、海洋工程技术、环保产业和海上旅游等领域合作。加大煤炭、油气、金属矿产等传统能源资源勘探开发合作，积极推动水电、核电、风电、太阳能等清洁、可再生能源合作，推进能源资源就地就近加工转化合作，形成能源资源合作上下游一体化产业链。加强能源资源深加工技术、装备与工程服务合作。

推动新兴产业合作，按照优势互补、互利共赢的原则，促进沿线国家加强在新一代信息技术、生物、新能源、新材料等新兴产业领域的深入合作，推动建立创业投资合作机制。

优化产业链分工布局，推动上下游产业链和关联产业协同发展，鼓励建立研发、生产和营销体系，提升区域产业配套能力和综合竞争力。扩大服务业相互开放，推动区域服务业加快发展。探索投资合作新模式，鼓励合作建设境外经贸合作区、跨境经济合作区等各类产业园区，促进产业集群发展。在投资贸易中突出生态文明理念，加强生态环境、生物多样性和应对气候变化合作，共建绿色丝绸之路。

中国欢迎各国企业来华投资。鼓励本国企业参与沿线国家基础设施建设和产业投资。促进企业按属地化原则经营管理，积极帮助当地发展经济、增加就业、改善民生，主动承担社会责任，严格保护生物多样性和生态环境。

资金融通。资金融通是“一带一路”建设的重要支撑。深化金融合作，推进亚洲货币稳定体系、投融资体系和信用体系建设。扩大沿线国家双边本币互换、结算的范围和规模。推动亚洲债券市场的开放和发展。共同推进亚洲基础设施投资银行、金砖国家开发银行筹建，有关各方就建立上海合作组织融资机构开展磋商。加快丝路基金组建运营。深化中国—东盟银行联合体、上合组织银行联合体务实合作，以银团贷款、银行授信等方式开展多边金融合作。支持沿线国家政府和信用等级较高的企业以及金融机构在中国境内发行人民币债券。符合条件的中国境内金融机构和企业可以在境外发行人民币债券和外币债券，鼓励在沿线国家使用所筹资金。

加强金融监管合作，推动签署双边监管合作谅解备忘录，逐步在区域内建立高效监管协调机制。完善风险应对和危机处置制度安排，构建区域性金融风险预警系统，形成应对跨境风险和危机处置的交流合作机制。加强征信管理部门、征信机构和评级机构之间的跨境交流与合作。充分发挥丝路基金以及各国主权基金作用，引导商业性股权投资基金和社会资金共同参与“一带一路”重点项目建设。

民心相通。民心相通是“一带一路”建设的社会根基。传承和弘扬丝绸之路友好合作精神，广泛开展文化交流、学术往来、人才交流合作、媒体合作、青年和妇女交往、志愿者服务等，为深化双多边合作奠定坚实的民意基础。

扩大相互间留学生规模，开展合作办学，中国每年向沿线国家提供 1 万个政府奖学金名额。沿线国家间互办文化年、艺术节、电影节、电视周和图书展等活动，合作开展广播影视剧精品创作及翻译，联合申请世界文化遗产，共同开展世界遗产的联合保护工作。深化沿线国家间人才交流合作。

加强旅游合作，扩大旅游规模，互办旅游推广周、宣传月等活动，联合打造具有丝绸之路特色的国际精品旅游线路和旅游产品，提高沿线各国游客签证便利化水平。推动 21 世纪海上丝绸之路邮轮旅游合作。积极开展体育交流活动，支持沿线国家申办重大国际体育赛事。

强化与周边国家在传染病疫情信息沟通、防治技术交流、专业人才培养等方面的合作，提高合作处理突发公共卫生事件的能力。为有关国家提供医疗援助和应急医疗救助，在妇幼健康、残疾人康复以及艾滋病、结核、疟疾等主要传染病领域开展务实合作，扩大在传统医药领域的合作。

加强科技合作，共建联合实验室（研究中心）、国际技术转移中心、海上合作中心，促进科技人员交流，合作开展重大科技攻关，共同提升科技创新能力。

整合现有资源，积极开拓和推进与沿线国家在青年就业、创业培训、职业技能开发、社会保障管理服务、公共行政管理等共同关心领域的务实合作。

充分发挥政党、议会交往的桥梁作用，加强沿线国家之间立法机构、主要党派和政治组织的友好往来。开展城市交流合作，欢迎沿线国家重要城市之间互结友好城市，以人文交流为重点，突出务实合作，形成更多鲜活的合作范例。欢迎沿线国家智库之间开展联合研究、合作举办论坛等。

加强沿线国家民间组织的交流合作，重点面向基层民众，广泛开展教育医疗、减贫开发、生物多样性和生态环保等各类公益慈善活动，促进沿线贫困地区生产生活条件改善。加强文化传媒的国际交流合作，积极利用网络平台，运用新媒体工具，塑造和谐友好的文化生态和舆论环境。

五、合作机制

当前，世界经济融合加速发展，区域合作方兴未艾。积极利用现有双多边合作机制，推动“一带一路”建设，促进区域合作蓬勃发展。

加强双边合作，开展多层次、多渠道沟通磋商，推动双边关系全面发展。推动签署合作备忘录或合作规划，建设一批双边合作示范。建立完善双边联合工作机制，研究推进“一带一路”建设的实施方案、行动路线图。充分发挥现有联委会、混委会、协委会、指导委员会、管理委员会等双边机制作用，协调推动合作项目实施。

强化多边合作机制作用，发挥上海合作组织(SCO)、中国—东盟“10+1”、亚太经合组织(APEC)、亚欧会议(ASEM)、亚洲合作对话(ACD)、亚信会议(CICA)、中阿合作论坛、中国—海合会战略对话、大湄公河次区域(GMS)经济合作、中亚区域经济合作(CAREC)等现有多边合作机制作用，相关国家加强沟通，让更多国家和地区参与“一带一路”建设。

继续发挥沿线各国区域、次区域相关国际论坛、展会以及博鳌亚洲论坛、中国—东盟博览会、中国—亚欧博览会、欧亚经济论坛、中国国际投资贸易洽谈会，以及中国—南亚博览会、中国—阿拉伯博览会、中国西部国际博览会、中国—俄罗斯博览会、前海合作论坛等平台的建设性作用。支持沿线国家地方、民间挖掘“一带一路”历史文化遗产，联合举办专项投资、贸易、文化交流活动，办好丝绸之路(敦煌)国际文化博览会、丝绸之路国际电影节和图书展。倡议建立“一带一路”国际高峰论坛。

六、中国各地方开放态势

推进“一带一路”建设，中国将充分发挥国内各地区比较优势，实行更加积极主动的开放战略，加强东中西互动合作，全面提升开放型经济水平。

西北、东北地区。发挥新疆独特的区位优势和向西开放重要窗口作用，深化与中亚、南亚、西亚等国家交流合作，形成丝绸之路经济带上重要的交通枢纽、商贸物流和文化科教中心，打造丝绸之路经济带核心区。发挥陕西、甘肃综合经济文化和宁夏、青海民族人文优势，打造西安内陆型改革开放新高地，加快兰州、西宁开发开放，推进宁夏内陆开放型经济试验区建设，形成面向中亚、南亚、西亚国家的通道、商贸物流枢纽、重要产业和人文交流基地。发挥内蒙古联通俄蒙的区位优势，完善黑龙江对俄铁路通道和区域铁路网，以及黑龙江、吉林、辽宁与俄远东地区陆海联运合作，推进构建北京—莫斯科欧亚高速运输走廊，建设向北开放的重要窗口。

西南地区。发挥广西与东盟国家陆海相邻的独特优势，加快北部湾经济区和珠江—西江经济带开放发展，构建面向东盟区域的国际通道，打造西南、中南地区开放发展新的战略支点，形成 21 世纪海上丝绸之路与丝绸之路经济带有机衔接的重要门户。发挥云南区位优势，推进与周边国家的国际运输通道建设，打造大湄公河次区域经济合作新高地，建设成为面向南亚、东南亚的辐射中心。推进西藏与尼泊尔等国家边境贸易和旅游文化合作。

沿海和港澳台地区。利用长三角、珠三角、海峡西岸、环渤海等经济区开放程度高、经济实力强、辐射带动作用大的优势，加快推进中国（上海）自由贸易试验区建设，支持福建建设21世纪海上丝绸之路核心区。充分发挥深圳前海、广州南沙、珠海横琴、福建平潭等开放合作区作用，深化与港澳台合作，打造粤港澳大湾区。推进浙江海洋经济发展示范区、福建海峡蓝色经济试验区和舟山群岛新区建设，加大海南国际旅游岛开发开放力度。加强上海、天津、宁波—舟山、广州、深圳、湛江、汕头、青岛、烟台、大连、福州、厦门、泉州、海口、三亚等沿海城市港口建设，强化上海、广州等国际枢纽机场功能。以扩大开放倒逼深层次改革，创新开放型经济体制机制，加大科技创新力度，形成参与和引领国际合作竞争新优势，成为“一带一路”特别是21世纪海上丝绸之路建设的排头兵和主力军。发挥海外侨胞以及香港、澳门特别行政区独特优势作用，积极参与和助力“一带一路”建设。为台湾地区参与“一带一路”建设作出妥善安排。

内陆地区。利用内陆纵深广阔、人力资源丰富、产业基础较好优势，依托长江中游城市群、成渝城市群、中原城市群、呼包鄂榆城市群、哈长城市群等重点区域，推动区域互动合作和产业集聚发展，打造重庆西部开发开放重要支撑和成都、郑州、武汉、长沙、南昌、合肥等内陆开放型经济高地。加快推动长江中上游地区和俄罗斯伏尔加河沿岸联邦区的合作。建立中欧通道铁路运输、口岸通关协调机制，打造“中欧班列”品牌，建设沟通境内外、连接东中西的运输通道。支持郑州、西安等内陆城市建设航空港、国际陆港，加强内陆口岸与沿海、沿边口岸通关合作，开展跨境贸易电子商务服务试点。优化海关特殊监管区域布局，创新加工贸易模式，深化与沿线国家的产业合作。

七、中国积极行动

一年多来，中国政府积极推动“一带一路”建设，加强与沿线国家的沟通磋商，推动与沿线国家的务实合作，实施了一系列政策措施，努力收获早期成果。

高层引领推动。习近平主席、李克强总理等国家领导人先后出访20多个国家，出席加强互联互通伙伴关系对话会、中阿合作论坛第六届部长级会议，就双边关系和地区发展问题，多次与有关国家元首和政府首脑进行会晤，深入阐释“一带一路”的深刻内涵和积极意义，就共建“一带一路”达成广泛共识。

签署合作框架。与部分国家签署了《共建“一带一路”合作备忘录》，与一些毗邻国家签署了地区合作和边境合作的备忘录以及经贸合作中长期发展规划。研究编制与一些毗邻国家的地区合作规划纲要。

推动项目建设。加强与沿线有关国家的沟通磋商，在基础设施互联互通、产业投资、资源开发、经贸合作、金融合作、人文交流、生态保护、海上合作等领域，推进了一批条件成熟的重点合作项目。

完善政策措施。中国政府统筹国内各种资源，强化政策支持。推动亚洲基础设施投资银行筹建，发起设立丝路基金，强化中国—欧亚经济合作基金投资功能。推动银行卡清算机构开展跨境清算业务和支付机构开展跨境支付业务。积极推进投资贸易便利化，推进区域通关一体化改革。

发挥平台作用。各地成功举办了一系列以“一带一路”为主题的国际峰会、论坛、研讨会、博览会，对增进理解、凝聚共识、深化合作发挥了重要作用。

八、共创美好未来

共建“一带一路”是中国的倡议，也是中国与沿线国家的共同愿望。站在新的起点上，中国愿与沿线国家一道，以共建“一带一路”为契机，平等协商，兼顾各方利益，反映各方诉求，携手推动更大范围、更高水平、更深层次的大开放、大交流、大融合。“一带一路”建设是开放的、包容的，欢迎世界各国和国际、地区组织积极参与。

共建“一带一路”的途径是以目标协调、政策沟通为主，不刻意追求一致性，可高度灵活，富有弹性，是多元开放的合作进程。中国愿与沿线国家一道，不断充实完善“一带一路”的合作内容和方式，共同制定时间表、路线图，积极对接沿线国家发展和区域合作规划。

中国愿与沿线国家一道，在既有双多边和区域次区域合作机制框架下，通过合作研究、论坛展会、人员培训、交流访问等多种形式，促进沿线国家对共建“一带一路”内涵、目标、任务等方面的进一步理解和认同。

中国愿与沿线国家一道，稳步推进示范项目建设，共同确定一批能够照顾双多边利益的项目，对各方认可、条件成熟的项目抓紧启动实施，争取早日开花结果。

“一带一路”是一条互尊互信之路，一条合作共赢之路，一条文明互鉴之路。只要沿线各国和衷共济、相向而行，就一定能够谱写建设丝绸之路经济带和21世纪海上丝绸之路的新篇章，让沿线各国人民共享“一带一路”共建成果。

附录 B

“一带一路”国家(含中国)
2013 年人均国民收入水平(GNI)

序号	所属区域	国家或地区	人均 GNI(美元)
1	东亚	中国	6 595
2	亚洲	蒙古	3 787
3	东南亚	新加坡	53 363
4	东南亚	文莱	38 750
5	东南亚	马来西亚	10 138
6	东南亚	泰国	5 849
7	东南亚	东帝汶	3 847
8	东南亚	印度尼西亚	3 368
9	东南亚	菲律宾	3 316
10	东南亚	越南	1 785
11	东南亚	老挝	1 511
12	东南亚	缅甸	1 183
13	东南亚	柬埔寨	885
14	南亚	马尔代夫	6 779
15	南亚	斯里兰卡	3 075
16	南亚	不丹	2 209
17	南亚	印度	1 410
18	南亚	巴基斯坦	1 297
19	南亚	孟加拉国	1 059
20	南亚	尼泊尔	657
21	中亚	哈萨克斯坦	11 819
22	中亚	土库曼斯坦	7 370

续表

序号	所属区域	国家或地区	人均GNI(美元)
23	中亚	乌兹别克斯坦	2 064
24	中亚	塔吉克斯坦	1 307
25	中亚	吉尔吉斯斯坦	1 269
26	中亚	阿富汗	708
27	西亚	卡塔尔	87 390
28	西亚	科威特	55 809
29	西亚	阿拉伯联合酋长国	43 085
30	西亚	以色列	36 991
31	西亚	沙特阿拉伯	25 962
32	西亚	巴林	21 477
33	西亚	阿曼	20 662
34	西亚	土耳其	10 935
35	西亚	黎巴嫩	9 512
36	西亚	阿塞拜疆	7 376
37	西亚	伊朗	6 321
38	西亚	伊拉克	5 921
39	西亚	约旦	4 560
40	西亚	格鲁吉亚	3 649
41	西亚	亚美尼亚	3 644
42	西亚	巴勒斯坦	3 134
43	西亚	叙利亚	1 573
44	西亚	也门	1 360
45	中东欧	斯洛文尼亚	22 991
46	中东欧	爱沙尼亚	18 841
47	中东欧	捷克	18 218
48	中东欧	斯洛伐克	17 572
49	中东欧	拉脱维亚	15 098
50	中东欧	立陶宛	14 967
51	中东欧	波兰	13 259
52	中东欧	克罗地亚	13 017

续表

序号	所属区域	国家或地区	人均 GNI(美元)
53	中东欧	匈牙利	13 014
54	中东欧	罗马尼亚	8 633
55	中东欧	保加利亚	7 409
56	中东欧	黑山	7 249
57	中东欧	塞尔维亚	6 134
58	中东欧	马其顿	5 039
59	中东欧	波斯尼亚和黑塞哥维那	4 705
60	中东欧	阿尔巴尼亚	4 078
61	独联体	俄罗斯联邦	14 119
62	独联体	白俄罗斯	7 374
63	独联体	乌克兰	4 142
64	独联体	摩尔多瓦	2 484
65	非洲	埃及	3 079

注:1. 资料来自联合国统计数据。

2. 根据世界银行 2012 年人均国民收入水平(GNI)标准,高人均国民收入水平国家的人均收入为不少于 12 616 美元;较高(中等偏上)人均国民收入水平国家的人均收入为4 086~12 615 美元;较低(中等偏下)人均国民收入国家为 1 036~4 085 美元;低人均国民收入国家为不高于 1 036 美元。

3. 世界银行最新(2015 年)高收入、中等偏上收入、中等偏下收入、低收入国家标准已分别调整为人均 12 736 美元以上、4 126~12 735 美元、1 046~4 125 美元、低于 1 045 美元。

附录 C

“一带一路”沿线国家气候背景*

蒙　古

蒙古为典型的温带大陆性气候。四季分明，春迟秋早，冬长夏短，早晚温差较大，终年干燥少雨。夏季(7—8 月)短而炎热，极端最高气温达 45℃；冬季(11 月至次年 4 月)长且酷寒，极端最低气温达−60℃。年降水量 250 毫米，无霜期短，年平均蓝天数 270 天，以“蓝天之国”而闻名于世。另外，蒙古是亚欧大陆“寒潮”的发源地之一。主要气象灾害有干旱、大风、沙尘、低温冻害、寒潮、暴风雪等。

首都乌兰巴托冬夏气温悬殊，1 月平均气温−24.6℃，平均最低气温−26.5℃；7 月平均气温 16.6℃，平均最高气温 22.7℃。年降水量约 230 毫米，晴天 180 天，无霜期 109 天。

乌兰巴托常年各月平均气温、降水量值

	1月	2月	3月	4月	5月	6月	7月	8月	9月	10月	11月	12月
平均气温(℃)	−24.6	−20.6	−9.8	0.3	8.9	14.6	16.6	14.7	7.3	−1.1	−13.2	−21.9
降水量(毫米)	1.1	1.7	2.7	8.3	13.4	41.7	57.6	51.6	26.2	6.4	3.2	2.5

---

* 1. 本部分资料由中国气象局国家气候中心气候服务室收集整理。

2. 参与人员：艾婉秀　王长科　姜允迪　邹旭恺　陈鲜艳　陈　峪　何文平　赵　琳　王　凌　曾红玲　向　洋　李修仓　任玉玉　王　茜　王国复　郭战峰　肖　潺　高　荣

3. 除特别标注外，其他数据均来源于 WMO 公开数据。

新加坡

新加坡地处热带，为赤道多雨气候，常夏无冬。常年气温变化不大，雨量充足，空气湿度高，气候温暖而潮湿，年平均气温 23～31℃。1 月平均气温 25.8℃，7 月平均气温 27.1℃。年降水量 2 150 毫米。11 月到次年 3 月为雨季，6—9 月为干季；4—5 月和 10—11 月为季风交替月，地面风弱、多变，阳光酷热，最高气温可达 35℃。主要气象灾害有暴雨、干旱、强对流等。

新加坡常年各月平均气温、降水量值

	1月	2月	3月	4月	5月	6月	7月	8月	9月	10月	11月	12月
平均气温(℃)	25.8	26.4	26.8	27.2	27.5	27.4	27.1	27.0	26.8	26.8	26.3	25.7
降水量(毫米)	198.0	154.0	171.0	141.0	158.0	140.0	145.0	143.0	177.0	167.0	252.0	304.0

文　莱

文莱属热带雨林气候，温暖潮湿，白天比较炎热，晚上相对凉爽。全年无四季之分，只有雨季(11 月至次年 4 月)和旱季(5—8 月)。雨量最多的时段在 11 月至次年 2 月，而 3—10 月比较炎热、少雨。年平均气温 24～31℃。主要气象灾害有暴雨、台风等。

首都斯里巴加湾属典型的热带海洋性气候。白天炎热，夜晚凉爽，没有旱季。1 月平均气温最低，为 26.3℃，4 月和 5 月平均气温最高，为 27.5℃。年降水量 2 909 毫米，10 月至次年 1 月的月降水量都超过 300 毫米。

斯里巴加湾常年各月平均气温、降水量值

	1月	2月	3月	4月	5月	6月	7月	8月	9月	10月	11月	12月
平均气温(℃)	26.3	26.5	27.0	27.5	27.5	27.1	26.7	26.9	26.8	26.6	26.6	26.5
降水量(毫米)	308.0	158.0	129.0	177.0	228.0	201.0	219.0	198.0	285.0	304.0	359.0	343.0

马来西亚

马来西亚属热带雨林气候和热带季风气候。全年高温多雨，温差小，无四季之分。平均气温26～30℃，其中内地山区年平均气温22～28℃，沿海平原年平均气温25～30℃。气温日变化比年变化大，日较差可达10～15℃，但日最高气温很少超过35℃，日最低气温很少低于20℃。年降水量可达2 000毫米以上，季节分配均匀，6—7月降水相对较少。主要气象灾害有暴雨、台风等。

首都吉隆坡属热带海洋性气候，长年温暖，日照充足，降水丰沛。月平均最高气温31～33℃，最低气温22～23.5℃。年降水量约2 366毫米，其中6月降水量最少(126.8毫米)，4月降水量最多(284.8毫米)。

吉隆坡常年各月平均气温、降水量值

	1月	2月	3月	4月	5月	6月	7月	8月	9月	10月	11月	12月
平均气温(℃)	26.1	26.5	26.8	27.0	27.2	27.0	26.6	26.6	26.4	26.3	26.1	26.0
降水量(毫米)	162.8	144.7	218.4	284.8	183.9	126.8	129.2	145.5	192.0	272.3	275.4	230.4

泰国

泰国属热带季风气候。全年分为热、雨、旱三季。年平均气温24～30℃，年降水量约1 000毫米。11月至次年2月是旱季(也称凉季)，受东北季风影响比较干燥凉爽；3月至5月中旬是热季，气温最高可达40～42℃；5月下旬至10月是雨季，受西南季风影响雨水多。主要气象灾害有暴雨、高温、干旱、台风等。

首都曼谷是典型的热带季风气候，终年炎热，年平均气温28℃，6月最高气温可达35℃；11月至次年1月为凉季，最低气温11℃。年降水量1 498毫米，主要集中在5—10月。

曼谷常年各月平均气温、降水量值

	1月	2月	3月	4月	5月	6月	7月	8月	9月	10月	11月	12月
平均气温(℃)	25.9	27.4	28.7	29.7	29.2	28.7	28.3	28.1	27.8	27.6	26.9	25.6
降水量(毫米)	9.0	30.0	29.0	65.0	220.0	149.0	155.0	197.0	344.0	242.0	48.0	10.0

东帝汶

东帝汶大部地区属热带雨林气候，平原、谷地属热带草原气候。全年高温多雨，无寒暑季节变化。年平均气温 26℃，年平均湿度 70%～80%，年降水量 1 200～1 500 毫米，但地区差异较大。北部沿海地区每年 5—11 月为旱季，12 月至次年 5 月为雨季，年降水量 500～1 500 毫米；南部沿海地区 6—11 月为旱季，12 月至次年 2 月及 5—6 月为雨季，年降水量 1 500～2 000 毫米；中部山区年降水量 2 500～3 000 毫米。主要气象灾害有暴雨、台风等。

首都帝力气候炎热，终年高温。

帝力常年各月平均气温、降水量值 *

	1月	2月	3月	4月	5月	6月	7月	8月	9月	10月	11月	12月
平均气温(℃)	27.7	27.6	27.4	27.4	27	26.8	25.5	25.1	25.4	26.0	27.2	27.4
降水量(毫米)	139.5	138.7	132.7	104.3	74.9	58.4	20.1	12.1	9.0	12.8	61.4	144.9

* 数据来源：Deutscher Wetterdienst，站点经纬度：50.10°N，8.74°E。

印度尼西亚

印度尼西亚大部地区属热带雨林气候(努沙登加拉群岛上平原和谷地属热带草原气候)。全年高温多雨，湿度大。年平均气温 25～27℃，年较差较小，无寒暑季节变化。年降水量 1 600～2 200 毫米，区域差异大，干湿季明显，一般 4—9 月为旱季，10 月至次年 3 月为雨季。北部受北半球季风影响，7—9 月降水丰富，南部受南半球季风影响，12 月至次年 2 月降水丰富。爪哇岛有“雷都”之称，平均一年中有 322 天都在打雷，全年雷雨超过 1 400 场次，总降水量达 4 618 毫米。主要气象灾害有暴雨、雷电、高温、干旱等。

首都雅加达属热带雨林气候，分雨季和旱季。终年高温潮湿，晴雨不定，年平均气温 27℃，年降水量 1 655 毫米，1 月降水量最多。

雅加达常年各月平均最高和最低气温、降水量值

	1月	2月	3月	4月	5月	6月	7月	8月	9月	10月	11月	12月
平均最高气温(℃)	29.9	30.3	31.5	32.5	32.5	31.4	32.3	32.0	33.0	32.7	31.3	32.0
平均最低气温(℃)	24.2	24.3	25.2	25.1	25.4	24.8	25.1	24.9	25.5	25.5	24.9	24.9
降水量(毫米)	384.7	309.8	100.3	257.8	133.4	83.1	30.8	34.2	29.0	33.1	175.0	84.0

菲律宾

菲律宾属季风型热带雨林气候，高温、多雨、湿度大、台风多。年平均气温约27℃，年降水量大部分地区2 000～3 000毫米。西部分旱季(11月至次年4月)和雨季(5—10月)，东部海岸终年有雨，并以冬雨最多。南部地区终年多雨，无明显旱、雨季之分。主要气象灾害有暴雨、台风、干旱等。

首都马尼拉属热带季风气候。年平均气温28℃，年温差小，1月最凉爽，平均气温25.6℃，5月最炎热，平均气温29.5℃。年降水量1 877毫米，分雨季(6—10月)和旱季(11月至次年5月)。

马尼拉常年各月平均气温、降水量值

	1月	2月	3月	4月	5月	6月	7月	8月	9月	10月	11月	12月
平均气温(℃)	25.6	26.1	27.6	29.1	29.5	28.4	27.7	27.4	27.6	27.3	26.9	26.0
降水量(毫米)	6.3	3.3	7.1	9.3	113.4	272.7	341.2	398.3	326.0	230.0	120.4	48.8

越　南

越南属热带季风气候，日照充足，高温多雨湿度大。年平均气温24℃左右，年降水量1 500～2 000毫米。北方(海云山以北)四季分明，湿度大；南方(海云山以南)全年高温，分雨(5—10月)、旱(11月至次年4月)两季。南北温差大，河内最低气温可低至15℃，与此同时南方气温却有26℃。主要气象灾害有暴雨、台风、高温、干旱、低温等。

首都河内属热带季风气候，四季分明。春季温暖，常有小雨；夏季高温多雨，午

后至晚上常有凉风；秋季凉快干爽，时有台风、洪涝；冬季相对较冷。年降水量1 676 毫米，最低气温 2.7℃，最高气温 42.8℃。

河内常年各月平均最高和最低气温、降水量值

	1月	2月	3月	4月	5月	6月	7月	8月	9月	10月	11月	12月
平均最高气温(℃)	19.3	19.9	22.8	27.0	31.5	32.6	32.9	31.9	30.9	28.6	25.2	21.8
平均最低气温(℃)	13.7	15.0	18.1	21.4	24.3	25.8	26.1	25.7	24.7	21.9	18.5	15.3
降水量(毫米)	18.6	26.2	43.8	90.1	188.5	239.9	288.2	318.0	265.4	130.7	43.4	23.4

老　挝

老挝属热带季风气候。年平均气温约 26℃，最高气温可达到 40℃以上，最低气温则可降至十几摄氏度。全年分为雨季(5—10 月)和旱季(11 月至次年 4 月)。雨量充沛，年降水量约 2 000 毫米，最小年降水量为 1 250 毫米，最大年降水量达 3 750 毫米。主要气象灾害有暴雨、干旱、台风等。

首都万象属热带季风气候，年平均气温 26℃，12 月和 1 月平均气温(21.7℃)最低，4 月平均气温(28.5℃)最高。年降水量 1 649 毫米，分雨季(5—9 月)和旱季(10 月至次年 4 月)。

万象常年各月平均气温、降水量值

	1月	2月	3月	4月	5月	6月	7月	8月	9月	10月	11月	12月
平均气温(℃)	21.7	24.0	26.7	28.5	27.7	27.7	27.5	27.2	27.0	26.4	24.3	21.7
降水量(毫米)	5.6	12.2	35.6	84.6	254.6	273.0	265.6	322.5	295.0	87.3	9.9	2.8

缅　甸

缅甸大部地区属热带季风气候，一年可分三季：11 月至次年 2 月是冬季，天气晴朗、阳光充足，气温 15～25℃，降水量不多；3 月至 5 月上旬为干季(也称为夏季)，气温都在 30℃以上；5 月中旬至 10 月是雨季，常出现大范围的降雨天气，7—8 月雨水

最多，常出现大雨滂沱的现象。全国年平均气温27℃，1月平均气温在20℃以上，为全年气温最低月份；4月是最热月，平均气温30℃左右，其中曼德勒地区极端最高气温可超过40℃。全国降水量区域差异大，内陆干燥区500～1 000毫米，山地和沿海多雨区3 000～5 000毫米。主要气象灾害有暴雨、热带风暴、高温、干旱等。

首都内比都位于原首都仰光以北390千米，属缅甸中部地区。

内比都常年各月平均最高最低气温、降水量值*

	1月	2月	3月	4月	5月	6月	7月	8月	9月	10月	11月	12月
平均最高气温(℃)	30	34	36	38	35	32	31	30	32	32	31	29
平均最低气温(℃)	14	16	20	24	25	24	24	24	24	23	20	16
降水量(毫米)	139.5	138.7	132.7	104.3	74.9	58.4	20.1	12.1	9.0	12.8	61.4	144.9

*数据来源：Weather2Travel.com。

仰光常年各月平均最高和最低气温、降水量值

	1月	2月	3月	4月	5月	6月	7月	8月	9月	10月	11月	12月
平均最高气温(℃)	32.2	34.5	36.0	37.0	33.4	30.2	29.7	29.6	30.4	31.5	32.0	31.5
平均最低气温(℃)	17.9	19.3	21.6	24.3	25.0	24.5	24.1	24.1	24.2	24.2	22.4	19.0
降水量(毫米)	5.0	2.0	7.0	15.0	303.0	547.0	559.0	602.0	368.0	206.0	60.0	7.0

柬埔寨

柬埔寨属热带季风气候，年平均气温29～30℃，分干、湿两季，5—10月为炎热潮湿的雨季，雨量充沛，气温在33℃左右；11月至次年4月为旱季，平均气温25～32℃。降水量区域差异大，象山南端年降水量可达5 400毫米，金边以东约1 000毫米。主要气象灾害有雷电、暴雨、干旱等。

首都金边为热带季风气候，常年夏季。只有雨季和旱季之分，3—10月为雨季，炎热潮湿，日极端最高气温可达38～39℃；11月至次年4月为旱季，气候宜人，平均气温22℃左右，最低气温17～19℃。年降水量约1 636毫米。

金边常年各月平均最高和最低气温、降水量值

	1月	2月	3月	4月	5月	6月	7月	8月	9月	10月	11月	12月
平均最高气温(℃)	31.5	32.8	34.9	34.9	34.3	33.5	32.5	32.5	32.3	31.1	29.9	30.1
平均最低气温(℃)	21.9	23.0	24.1	25.0	25.3	25.0	24.7	24.6	24.3	23.8	22.7	21.7
降水量(毫米)	25.5	11.5	58.0	101.0	111.6	177.1	195.9	172.0	248.8	318.9	135.0	80.3

马尔代夫

马尔代夫具有明显的热带气候特征。终年炎热、潮湿、多雨，无四季之分，年平均气温 28℃，3 月、4 月气温最高，达 32℃，12 月最冷，但平均最低气温也超过 20℃。年降水量 1 900 毫米，其中 1—4 月较干燥，5—9 月较湿润。没有台风、龙卷，偶尔有暴风雨。

首都马累属热带季风气候，分为干季和湿季。4 月平均最高气温 31.6℃，11 月平均最低气温 25.2℃。年降水量约 1 901 毫米。

马累常年各月平均气温、降水量值

	1月	2月	3月	4月	5月	6月	7月	8月	9月	10月	11月	12月
平均最高气温(℃)	30.3	30.7	31.4	31.6	31.2	30.6	30.5	30.4	30.2	30.2	30.1	30.1
平均最低气温(℃)	25.7	25.9	26.4	26.8	26.3	26.0	25.8	25.5	25.3	25.4	25.2	25.4
降水量(毫米)	114.2	38.1	73.9	122.5	218.9	167.3	149.9	175.5	199.0	194.2	231.1	216.8

斯里兰卡

斯里兰卡属热带季风气候。终年如夏，年平均气温 28℃。沿海地区平均最高气温 31.3℃，平均最低气温 23.8℃。山区平均最高气温 26.1℃，平均最低气温 16.5℃。无四季之分，只有雨季和旱季，雨季为每年 5—8 月和 11 月至次年 2 月。各地年降水量差别大，西南部 2 540～5 080 毫米，西北部和东南部则少于 1 250 毫米。主要气象灾害有暴雨、热带风暴等。

首都科伦坡属热带气候。温高但无酷暑，全年大部分时间气候温和潮湿，雨水充足。年平均气温在27℃左右，年降水量约2 524毫米。

科伦坡常年各月平均气温、降水量值

	1月	2月	3月	4月	5月	6月	7月	8月	9月	10月	11月	12月
平均气温(℃)	26.6	26.9	27.7	28.2	28.3	27.9	27.6	27.6	27.5	27.0	26.7	26.6
降水量(毫米)	58.2	72.7	128.0	245.6	392.4	184.9	121.9	119.5	245.4	365.4	414.4	175.3

不　丹

不丹南部属亚热带气候，湿润多雨，年平均气温14℃，年降水量5 000～6 000毫米。一年分三季：3—6月为暑季，气候炎热，最高气温达35～37℃；7—9月为雨季，降水占全年总量的80%，日最大降水量可达80毫米以上；10月至次年2月为凉季，气温一般不低于0℃，但部分山地可降至0℃以下。中部属温带气候，气候温和，四季分明，春夏多雷暴，秋季多雨，年平均气温8～12℃，年降水量760～2 000毫米。北部属高寒气候，气候寒冷，冬长无夏，年平均气温1～4℃，年降水量300～500毫米；10月至次年5月为干季，多大风；6—9月为湿季，多夜雨。主要气象灾害有暴雨、大雾、雷暴等。

首都廷布冬季气候寒冷，其他季节气候温和宜人。

不丹常年各月平均气温、降水量值

	1月	2月	3月	4月	5月	6月	7月	8月	9月	10月	11月	12月
平均最高气温(℃)	14	16	19	22	24	26	26	26	25	22	19	16
平均最低气温(℃)	2	4	8	11	14	17	18	17	16	12	7	3
降水量(毫米)	10	12	27	52	70	123	167	147	95	69	15	6

廷布常年各月平均气温、降水量值*

	1月	2月	3月	4月	5月	6月	7月	8月	9月	10月	11月	12月
平均气温(℃)	4.9	7.5	10.2	13.6	17.8	19.8	20.2	20.4	19.1	16.2	11.5	6.7
降水量(毫米)	25	33	31	58	122	246	373	345	155	38	8	13

*数据来源：Weatherbase。

印　度

印度大部分地区属热带季风气候。全年高温，年平均气温在22℃以上，最冷月平均气温也在16℃以上，4—5月最热，最高气温可达49℃。分雨季(6—9月)和旱季(10月至次年5月)，雨季降水量占年降水量的80%左右，频繁大暴雨常导致河流水位暴涨，引起洪水泛滥。由于季风活动不稳定，印度的年降水量变化大，旱涝灾害频繁。年降水量的地区差异大，阿萨姆邦的乞拉朋齐年降水量高达10 000毫米以上，是世界降水量最多的地区，被称为“世界雨极”，而西部的塔尔沙漠年降水量不足100毫米。主要气象灾害有暴雨、干旱、高温、热带风暴、低温冷害等。

首都新德里1月平均气温14.3℃，6月平均气温最高，为33.4℃，极端最高气温达47.8℃。年降水量790毫米，其中7—9月的季风雨占全年降水量的70%左右。

新德里常年各月平均气温、降水量值

	1月	2月	3月	4月	5月	6月	7月	8月	9月	10月	11月	12月
平均气温(℃)	14.3	16.8	22.3	28.8	32.5	33.4	30.8	30.0	29.5	26.3	20.8	15.7
降水量(毫米)	19.0	20.0	15.0	21.0	25.0	70.0	237.0	235.0	113.0	17.0	9.0	9.0

巴基斯坦

巴基斯坦属高温干燥的亚热带气候，由于地形多样，局部地区又表现出不同的气候特征：北部海拔较高，低温干燥，高山终年积雪；西部伊朗高原地区温差较大，日照充分；东南部平原地区炎热潮湿，属热带气候。全国年平均气温27℃，5月开始进入夏季，最热的6—7月最高气温可达40℃以上，9月逐渐转凉。降水稀少，年降水量小于250毫米的地区占全国总面积的四分之三以上，夏季全国大部分地区降雨最多。主要气象灾害有干旱、高温、暴雨等。

首都伊斯兰堡属于亚热带气候。日温差较大，夏天比较炎热，最高气温可达40℃以上，冬天平均最低气温在3℃左右。年降水量1 142毫米，7—8月降水量较大，占年总量的51%。

伊斯兰堡常年各月平均气温、降水量值

	1月	2月	3月	4月	5月	6月	7月	8月	9月	10月	11月	12月
平均气温(℃)	10.1	12.1	16.9	22.6	27.5	31.2	29.7	28.5	27.0	22.4	16.5	11.6
降水量(毫米)	56.1	73.5	89.8	61.8	39.2	62.2	267.0	309.9	98.2	29.3	17.8	37.3

孟加拉国

孟加拉国大部分地区属亚热带季风气候，湿热多雨。一年分三季：冬季(11月至次年2月)，夏季(3—6月)和雨季(7—10月)。年平均气温26.5℃。冬季是一年中最宜人的季节，最低气温4℃，夏季最高气温达45℃，雨季平均气温30℃。主要气象灾害有暴雨、风暴、台风、干旱等。

首都达卡气候温暖湿润，年降水量2 154毫米。3月至6月中旬，高温潮湿，白天气温可高达38℃；6月下旬至10月是夏季季风期，湿度仍然很大，但气温有所下降，且天气一般为多云；11月中旬至次年2月为凉爽季节，天气晴朗干燥，其中12月至次年1月，夜晚凉爽，气温可降至10℃以下。

达卡常年各月平均最高和最低气温、降水量值

	1月	2月	3月	4月	5月	6月	7月	8月	9月	10月	11月	12月
平均最高气温(℃)	25	28	32	34	33	32	31	32	32	32	30	26
平均最低气温(℃)	13	16	20	24	24	26	26	26	26	24	19	14
降水量(毫米)	7	25	63	154	341	337	373	316	314	175	34	15

尼泊尔

尼泊尔属季风性气候，地区气候差异明显，分北部高山、中部温带和南部亚热带三个气候区。北部高寒山区终年积雪，最低气温可达－41℃；中部河谷地区气候温和，四季如春；南部平原常年炎热，夏季最高气温达45℃。全国平均年降水量1 424毫米，分雨季(4—9月)和干季(10月至次年3月)，雨季闷热潮湿，其中4月、

5月最闷热，雨量丰沛，常泛滥成灾；干季雨量少，早晚温差较大。主要气象灾害有暴雨、雷电、高温、低温等。

首都加德满都气候宜人，四季如春。年平均气温20℃，1月平均最低气温2℃，5—8月平均最高气温28℃。

尼泊尔常年各月平均最高和最低气温、降水量值

	1月	2月	3月	4月	5月	6月	7月	8月	9月	10月	11月	12月
平均最高气温(℃)	18	20	24	27	28	28	28	28	27	26	23	19
平均最低气温(℃)	2	4	8	11	16	19	20	20	18	13	7	3
降水量(毫米)	14	17	31	54	114	256	360	314	183	59	8	14

加德满都常年各月平均气温、降水量值

	1月	2月	3月	4月	5月	6月	7月	8月	9月	10月	11月	12月
平均气温(℃)	10.8	13.0	16.7	19.9	22.2	24.1	24.3	24.3	23.3	20.1	15.7	12.0
降水量(毫米)	14.4	18.7	34.2	61.0	123.6	236.3	363.4	330.8	199.8	51.2	8.3	13.2

哈萨克斯坦

哈萨克斯坦属大陆性气候，四季分明。夏季炎热干燥，冬季寒冷少雪。1月平均气温−19～−4℃，7月平均气温19～26℃。平均极端最高和最低气温分别为45℃和−45℃，沙漠中最高气温可达70℃。年降水量北部地区300～500毫米，荒漠地带100毫米左右，山区1 000～2 000毫米。主要气象灾害有干旱、沙尘、暴雨、雪灾、低温、高温等。

首都阿斯塔纳是典型的大陆性气候，四季分明。冬季寒冷漫长少雪，最低可达−50～−40℃，积雪期长达130～140天，2月平均气温最低，为−15.9℃；夏季炎热干燥少雨，7月平均气温21.3℃，最高可达40～50℃。年降水量约317毫米。

阿斯塔纳常年各月平均气温、降水量值

	1月	2月	3月	4月	5月	6月	7月	8月	9月	10月	11月	12月
平均气温(℃)	−15.8	−15.9	−8.1	4.9	13.1	19.0	21.3	17.7	12.0	2.8	−5.9	−12.6
降水量(毫米)	17.4	13.7	14.3	22.0	33.4	34.8	49.5	39.7	24.0	29.6	21.7	17.3

土库曼斯坦

土库曼斯坦为典型的温带大陆性气候。年平均气温14～16℃，日、夜和冬、夏的温差都很大，夏季气温高达35℃以上，在东南部的卡拉库姆沙漠曾经有50℃的极端高温记录；冬季在接近阿富汗的山区，气温可低至－33℃。年降水量由西北沙漠的80毫米递增至东南山区的240毫米，雨季主要在春季(1—5月)，科佩特山脉是全国降水量最多的地区。主要气象灾害有干旱、高温、低温等。

首都阿什哈巴德属典型的大陆性气候。夏季漫长，炎热干燥；冬季短暂，温和少雪。1月平均气温2.2℃，7月平均气温30.9℃。昼夜温差较大，日照充足。年降水量227毫米。

阿什哈巴德常年各月平均气温、降水量值

	1月	2月	3月	4月	5月	6月	7月	8月	9月	10月	11月	12月
平均气温(℃)	2.2	4.0	9.7	16.9	23.1	28.5	30.9	28.7	23.1	15.3	9.7	4.5
降水量(毫米)	22.0	27.0	39.0	44.0	28.0	4.0	3.0	1.0	4.0	14.0	20.0	21.0

乌兹别克斯坦

乌兹别克斯坦属大陆性气候，四季分明。春季温暖短促，夏季炎热干燥，秋季凉爽多雨，冬季较冷，雪层不厚且极易融化。全年光照充足，夏季昼夜温差大。1月平均气温－6～－3℃，北部极端最低气温－38℃；7月平均气温26～32℃，南部白天气温高达40℃。年降水量平原低地为80～200毫米，山区为1 000毫米，大部分集中在冬、春两季。主要气象灾害有干旱、高温、低温、沙尘等。

首都塔什干属温带大陆性气候。冬季(12月至次年2月)温和，夏季(6—9月)炎热，降水稀少，日照充足，有“太阳城”之称。1月平均气温0.5℃，7月平均气温27.6℃。年降水量420毫米，大部分集中在冬季和春季。

塔什干常年各月平均气温、降水量值

	1月	2月	3月	4月	5月	6月	7月	8月	9月	10月	11月	12月
平均气温(℃)	0.5	2.4	8.6	15.4	20.4	25.6	27.6	25.4	20.1	13.3	7.8	3.2
降水量(毫米)	55.0	47.0	72.0	64.0	32.0	7.0	4.0	2.0	5.0	34.0	45.0	53.0

塔吉克斯坦

塔吉克斯坦为典型的大陆性气候。夏季干燥炎热，日照充足。年降水量150～250毫米，多集中在冬、春两季。1月平均气温－2～2℃，7月平均气温23～30℃。南北温差较大，且垂直变化很大。南部河谷为亚热带气候，年降水量150～700毫米；西南部的低山地及一些地势较高的谷地，年降水量350～700毫米；中部山区和西帕米尔山地为温带气候，夏季温和，冬季寒冷，秋、冬、春季节多雨雪；高山区为寒带气候。主要气象灾害有干旱、高温、低温、暴雨(雪)等。

首都杜尚别属大陆性气候。1月平均气温2.1℃，7月平均气温27.1℃；夏季最高气温可达40℃，冬季最低气温－20℃。年降水量约568毫米。

杜尚别常年各月平均气温、降水量值

	1月	2月	3月	4月	5月	6月	7月	8月	9月	10月	11月	12月
平均气温(℃)	2.1	3.8	9.2	15.4	20.0	25.3	27.1	24.9	20.1	14.3	8.9	4.8
降水量(毫米)	66.3	75.4	107.5	105.0	66.0	5.5	3.2	0.5	3.1	30.6	44.7	59.8

吉尔吉斯斯坦

吉尔吉斯斯坦为大陆性气候。四季分明，夏季炎热干燥，冬季比较寒冷；昼夜温差较大；全年少雨，晴天多，大风少。大部分谷地1月平均气温－6℃，7月平均气温15～25℃；夏季平均最高气温28℃，冬季平均最低气温－5℃。年降水量区域差异明显，中部约为200毫米，北部和西部山坡约为800毫米，最少的地区仅为115毫米(伊塞克湖西部地区)，最多的地区则可达到1 057毫米(贾拉拉巴德州)，重要农业区楚河州和奥什州的年降水量一般在300～500毫米；春季降雨最多，为51毫米，夏季39毫米，冬季33毫米，秋季降雨最少，为24毫米。主要气象灾害有干旱、低温等。

首都比什凯克属大陆性气候。1月平均气温－3.6℃,7月平均气温24.7℃;夏季干燥炎热,其中7月最高气温有时达到40℃以上。年降水量442毫米。

比什凯克常年各月平均气温、降水量值

	1月	2月	3月	4月	5月	6月	7月	8月	9月	10月	11月	12月
平均气温(℃)	－3.6	－2.6	4.5	12.1	17.0	21.9	24.7	23.1	17.9	10.4	3.8	－1.1
降水量(毫米)	26.0	31.0	47.0	76.0	64.0	35.0	19.0	12.0	17.0	43.0	44.0	28.0

阿富汗

阿富汗属大陆性气候,四季分明,冬阴春雨夏秋干。气温变化起伏大:冬季严寒,北部和东北部地区最低气温可以低于－30℃;夏季酷热,东部城市贾拉拉巴德最高气温可达49℃;“夜冬昼夏”,有“一日四季”典型天气,坎大哈9月平均最高气温33.9℃,平均最低气温仅10.5℃,平均日温差(23.4℃)比中国吐鲁番(16.5℃)还要大。全国平均年降水量只有240毫米,干燥少雨,降水主要集中在3—4月,两个月的降水量占年总量的50%～60%。主要气象灾害有干旱、沙尘、雪崩、暴雨等。

首都喀布尔气候温和,四季分明,年平均气温13℃,1月平均气温－2.3℃,7月平均气温25.0℃。年降水量312毫米。

喀布尔常年各月平均气温、降水量值

	1月	2月	3月	4月	5月	6月	7月	8月	9月	10月	11月	12月
平均气温(℃)	－2.3	－0.7	6.3	12.8	17.3	22.8	25.0	24.1	19.7	13.1	5.9	0.6
降水量(毫米)	34.3	60.1	67.9	71.9	23.4	1.0	6.2	1.6	1.7	3.7	18.6	21.6

卡塔尔

卡塔尔属热带沙漠气候,炎热干燥,沿岸潮湿。四季不明显,夏季(4—10月)炎热漫长,最高气温可达46℃;冬季凉爽干燥,无严冬,最低气温7℃。年降水量

125 毫米。主要气象灾害有沙尘暴、干旱、高温等。

首都多哈是典型的热带气候，夏季(5—10 月)气候炎热潮湿，特别是 6—9 月，最高气温可达 48℃。冬季气候凉爽，温度适宜，夜间气温一般在 20℃以下，最低可达 7℃。年降水量约 75 毫米，6—9 月基本无降水。

多哈常年各月平均气温、降水量值

	1月	2月	3月	4月	5月	6月	7月	8月	9月	10月	11月	12月
平均气温(℃)	17.0	17.9	21.2	25.7	31.0	33.9	34.7	34.3	32.2	28.9	24.2	19.2
降水量(毫米)	13.2	17.1	16.1	8.7	3.6	0.0	0.0	0.0	0.0	1.1	3.3	12.1

科威特

科威特属热带沙漠气候，年平均气温 33℃。夏季长且炎热干燥，常刮西风，最高气温可达 51℃；冬季短且湿润多雨，常刮南风，最低气温可达－6℃。年降水量 25～177 毫米。主要气象灾害有高温、干旱、沙尘暴等。

首都科威特城为热带沙漠气候，全年干燥少雨，夏半年酷热，冬季凉爽。年最高气温 55℃，最低 8℃。1 月平均气温 12.5℃，7 月平均气温 37.7℃。年降水量约 107 毫米，主要集中在 11 月至次年 4 月，6—9 月基本无降水。

科威特城常年各月平均气温、降水量值

	1月	2月	3月	4月	5月	6月	7月	8月	9月	10月	11月	12月
平均气温(℃)	12.5	14.8	19.3	24.9	31.5	36.0	37.7	36.8	33.3	27.3	19.9	14.1
降水量(毫米)	25.5	15.5	13.3	14.8	3.8	0.0	0.0	0.0	0.0	3.3	13.8	17.3

阿联酋

阿联酋属热带沙漠气候，干燥少雨。夏季(5—10 月)炎热，气温 40.6～48.2℃，最高气温超过 50℃；冬季(11 月至次年 4 月)气温 8～20℃。年降水量约 100 毫米，多集中于 1—2 月，雨日不超过 30 天。主要气象灾害有干旱、高温、大风和沙尘暴等。

首都阿布扎比属典型的沙漠气候，干燥少雨，气温波动较大。夏、秋季(6—10月)气温高达40℃，冬、春季(11月至次年5月)白天气温18～24℃，夜间气温10℃左右。全年降水量只有57毫米左右，主要集中在冬、春季。

阿布扎比常年各月平均气温、降水量值

	1月	2月	3月	4月	5月	6月	7月	8月	9月	10月	11月	12月
平均气温(℃)	18.8	19.6	22.6	26.4	30.4	32.2	33.8	34.0	32.2	28.8	24.5	20.8
降水量(毫米)	7.0	21.2	14.5	6.1	1.3	0.0	0.0	1.5	0.0	0.0	0.3	5.2

以色列

以色列属地中海气候，冬短夏长，夏季炎热干燥，最高气温可达39℃；冬季温和湿润，最低气温4℃左右。各地气候差异较大，在沿海一带，夏季潮湿，冬季温暖；在山区，夏季干燥，冬季温暖；在约旦河谷，夏季炎热干燥，冬季气候宜人；在内盖夫，常年是半沙漠气候，天气变化极大。主要气象灾害有暴雨、高温、干旱、大风沙尘等。

耶路撒冷属地中海气候。冬季温暖，但每年至少会出现一次降雪。最热7月平均气温23.0℃，最冷1月平均气温8.0℃。年降水量约554毫米。主要出现在11月至次年4月，6—8月几乎无雨。

耶路撒冷常年各月平均气温、降水量值

	1月	2月	3月	4月	5月	6月	7月	8月	9月	10月	11月	12月
平均气温(℃)	8.0	9.0	11.1	15.2	18.8	21.4	23.0	22.6	22.1	19.2	14.2	9.7
降水量(毫米)	133.2	118.3	92.7	24.5	3.2	0.0	0.0	0.0	0.3	15.4	60.8	105.7

特拉维夫在以色列海岸平原地区，属于典型的地中海气候，夏季漫长而又炎热潮湿少雨，冬季相对较为短暂凉爽多雨。

特拉维夫常年各月平均气温、降水量值*

	1月	2月	3月	4月	5月	6月	7月	8月	9月	10月	11月	12月
平均气温(℃)	12.9	13.4	16.4	19.2	21.8	24.8	27	27.8	26.5	22.7	17.6	13.9
降水量(毫米)	147	111	62	16	36	0	0	0	0.7	34	81	127

* 数据来源：Climate-Data.org(altitude：2 259 m)。

沙特阿拉伯

沙特阿拉伯西部高原属地中海气候，其他地区属热带沙漠气候。全年干燥少雨，气温日较差大。年平均气温在20℃以上，最热7月平均气温超过30℃，最冷1月平均气温高于10℃，多在15～24℃。气温年较差很大，一般在15～20℃。夏季炎热干燥，最高气温可达50℃以上；冬季气候温和。年降水量不超过200毫米。主要气象灾害有干旱、沙尘暴、大风、高温等。

首都利雅得属热带沙漠气候，气候酷热干燥，年平均气温25℃，1月平均气温14.0℃，8月平均气温最高，为35.1℃。年降水量99毫米。

利雅得常年各月平均气温、降水量值

	1月	2月	3月	4月	5月	6月	7月	8月	9月	10月	11月	12月
平均气温(℃)	14.0	16.4	21.1	25.7	31.5	34.2	35.0	35.1	31.9	26.8	20.7	15.4
降水量(毫米)	12.3	5.8	30.2	23.3	6.2	0.0	0.0	0.3	0.0	2.3	7.4	11.2

巴　林

巴林属热带沙漠气候，分夏、凉两季。夏季(5—10月)炎热、潮湿，其中7—9月平均气温35℃；凉季(11月至次年4月)温和宜人，气温15～24℃。年降水量77毫米。主要气象灾害有干旱、高温、沙尘暴等。

首都麦纳麦属热带沙漠气候，夏季(6—9月)炎热少雨，11月至次年3月气候温和。1月平均气温17.2℃，8月平均气温34.2℃。年降水量约71毫米。

麦纳麦常年各月平均气温、降水量值

	1月	2月	3月	4月	5月	6月	7月	8月	9月	10月	11月	12月
平均气温(℃)	17.2	18.0	21.2	25.3	30.0	32.6	34.1	34.2	32.5	29.3	24.5	19.3
降水量(毫米)	14.6	16.0	13.9	10.0	1.1	0.0	0.0	0.0	0.0	0.5	3.8	10.9

阿　曼

阿曼属热带沙漠气候。全年分两季，5—10 月为热季，气温高达 40℃以上；11 月至次年 4 月为凉季，气温约为 10℃。年降水量 130 毫米。主要气象灾害有干旱、高温、大风和沙尘暴等。

首都马斯喀特气候炎热干燥。夏季炎热漫长，最高气温达 49℃；冬季非常温暖，12 月至次年 3 月温度适中。年降水量约 100 毫米，主要集中在 12 月至次年 4 月。

马斯喀特常年各月平均气温、降水量值

	1月	2月	3月	4月	5月	6月	7月	8月	9月	10月	11月	12月
平均气温(℃)	21.3	21.9	25.2	29.8	34.2	35.2	34.3	32.0	31.4	29.7	25.7	22.6
降水量(毫米)	12.8	24.5	15.9	17.1	7.0	0.9	0.2	0.8	0.0	1.0	6.8	13.3

土耳其

土耳其不同地区气候类型差异较大，西部及南部沿海地区属典型的地中海气候，冬短夏长，夏季炎热干燥、冬季温和多雨，年平均气温 14～20℃，年降水量 500～700 毫米；北部黑海地区，终年温和多雨，年降水量 700～2 500 毫米；其余非沿海地区则为大陆性气候，年温差大，年平均气温 4～18℃，年降水量 250～400 毫米；地中海和爱琴海地区冬季温和，东部地区多山，积雪期长达数月，异常严寒。主要气象灾害有暴雨(雪)、干旱、高温、低温等。

首都安卡拉属半大陆性气候，年最高气温 31℃，年最低气温－4℃，1 月平均气温 0.1℃，7 月平均气温 22.9℃。年降水量约 415 毫米。

安卡拉常年各月平均气温、降水量值

	1月	2月	3月	4月	5月	6月	7月	8月	9月	10月	11月	12月
平均气温(℃)	0.1	1.9	6.1	11.2	15.5	19.6	22.9	22.6	18.3	12.6	7.1	2.6
降水量(毫米)	47.0	36.3	36.3	48.3	54.6	37.4	13.8	12.4	19.3	26.8	33.4	49.0

黎巴嫩

黎巴嫩属地中海气候。沿海一带夏季炎热潮湿，冬季温暖；高山地区积雪可达4～6个月，大部分地区10月至次年4月为雨季。沿海平原和贝卡谷地1月平均最低气温分别为7℃和2℃，7月平均最高气温都是32℃。年降水量1 000毫米左右，山区为1 200毫米以上。主要气象灾害有暴雨、干旱等。

首都贝鲁特属地中海气候，冬季多雨，夏季炎热干燥少雨。年平均气温21℃，1月平均气温13.3℃，平均最低气温11℃，8月平均气温26.6℃，平均最高气温32℃。年降水量约826毫米。

贝鲁特常年各月平均气温、降水量值

	1月	2月	3月	4月	5月	6月	7月	8月	9月	10月	11月	12月
平均气温(℃)	13.3	13.7	15.2	18.0	20.7	23.5	25.7	26.6	25.5	22.7	18.7	15.1
降水量(毫米)	190.9	133.4	110.8	46.3	15.0	1.5	0.3	0.4	2.3	60.2	100.6	163.8

阿塞拜疆

阿塞拜疆大部分地区属亚热带干旱气候，山地为寒带气候。区域气候差异大，中部和东部为亚热带气候，冬季温暖，夏季炎热，最高气温达43℃，年降水量200～300毫米。南部连科兰低地属半湿润亚热带气候，雨量充沛，年降水量1 200～1 400毫米。里海沿岸地区气候宜人，相对温暖而湿润。大高加索山脉南坡降水充沛，年降水量可达1 300毫米，部分地区超过1 600毫米。而在高布斯坦东南部地区，降水量不足110毫米。大部分地区夏季为旱季，干燥少雨；秋末至次年春季为雨季，部分地区有降雪。主要气象灾害有暴雨(雪)、干旱、低温、高温等。

首都巴库紧邻里海，冬季温暖湿润，夏季温高雨少。2月平均气温最低，为4.0℃，7月平均气温最高，为26.4℃。年降水量210毫米。

巴库常年各月平均气温、降水量值

	1月	2月	3月	4月	5月	6月	7月	8月	9月	10月	11月	12月
平均气温(℃)	4.2	4.0	6.3	12.3	18.0	22.8	26.4	25.6	21.8	16.0	10.8	6.6
降水量(毫米)	21.0	20.0	21.0	18.0	18.0	8.0	2.0	6.0	15.0	25.0	30.0	26.0

伊　朗

伊朗区域气候类型差异明显，但四季分明，北部厄尔布尔士山区和西部扎格罗斯山区，属地中海式亚热带气候，冬季寒冷多雨，夏季少雨干燥，年降水量500毫米左右；沿里海地区气候宜人，年降水量超过1 000毫米；东部和中央沙漠区气候恶劣，干旱少雨，年降水量不足100毫米；南部波斯湾和齐斯坦平原地区属热带沙漠气候，夏季气候炎热，气温高达40～55℃，冬季温暖，年降水量小于100毫米。全国平均年降水量不足200毫米。主要气象灾害有干旱、沙尘、高温、暴雨、低温等。

首都德黑兰属大陆性半干旱气候，夏季炎热干旱少雨，冬季冷凉干燥，但降水多于夏季，降雨主要集中在晚秋至春季。年平均气温17℃，1月平均气温2.5℃，7月平均气温30.8℃；极端最高气温43℃，极端最低气温－15℃。年降水量约230毫米。

德黑兰常年各月平均气温、降水量值

	1月	2月	3月	4月	5月	6月	7月	8月	9月	10月	11月	12月
平均气温(℃)	2.5	4.9	10.1	16.4	22.2	27.9	30.8	29.5	25.4	18.2	11.1	5.0
降水量(毫米)	37.2	34.0	37.4	27.8	15.2	2.9	2.5	1.4	0.9	13.7	20.6	36.3

伊拉克

伊拉克东北部属地中海气候，其他地区属亚热带沙漠气候。夏季酷暑炎热而漫长，气温高且干燥无雨。5—9月白天平均气温35～50℃，最高气温超过50℃，夜晚平均气温20～35℃。6月下旬到7月底，有“炎夏40天”之称。冬季短暂，气温0～25℃，温暖适宜。年降水量100～500毫米，北部山区可达700毫米。主要气象灾害有干旱、高温、沙尘暴等。

首都巴格达属亚热带干旱与半干旱气候。夏季炎热，6—9月平均最高气温40～44℃，最高可达50℃；冬季平均气温13℃，最低气温可达0℃。年降水量122毫米，主要出现在11月至次年4月，6—9月基本无降水。

巴格达常年各月平均最高和最低气温、降水量值

	1月	2月	3月	4月	5月	6月	7月	8月	9月	10月	11月	12月
平均最高气温(℃)	16.0	18.0	24.0	30.0	36.0	41.0	44.0	44.0	40.0	33.0	24.0	17.0
平均最低气温(℃)	4.0	6.0	10.0	15.0	20.0	23.0	26.0	24.0	21.0	16.0	9.0	5.0
降水量(毫米)	27.0	19.0	22.0	16.0	3.0	0.0	0.0	0.0	0.0	3.0	12.0	20.0

约　旦

约旦西部地区属亚热带地中海气候，夏季炎热干燥，冬季温和潮湿，最冷1月气温为0～16℃；最热8月气温为14～37℃。约旦西部山区和约旦河谷地区年降水量380～630毫米。东部地区大多属热带沙漠气候，炎热干燥，昼夜温差大，风沙大，年降水量不足50毫米。主要气象灾害有干旱、大风沙尘、高温等。

首都安曼属亚热带地中海气候，气候温和宜人。1月平均气温7.7℃，8月平均气温25.2℃。年降水量271毫米，主要集中在11月至次年4月，6—9月几乎无降水。

安曼常年各月平均气温、降水量值

	1月	2月	3月	4月	5月	6月	7月	8月	9月	10月	11月	12月
平均气温(℃)	7.7	9.0	11.6	15.8	20.0	23.6	25.1	25.2	23.4	19.9	14.3	9.4
降水量(毫米)	62.0	54.0	51.0	17.0	3.0	0.0	0.0	0.0	0.0	8.0	25.0	51.0

格鲁吉亚

格鲁吉亚西部为湿润的亚热带海洋性气候，东部为干燥的亚热带气候。四季分明，日照充足，降水充沛。山地气候垂直分布明显，海拔490～610米地带为亚热带气候，较高处气候偏寒；海拔2 000米以上为高山气候，无夏季，3 500米以上终年积雪。西部年降水量1 000～2 500毫米，东格鲁吉亚平原和高原地带300～1 000毫米，山区1 800毫米。西部1月平均气温3～7℃，8月平均气温23～26℃；东格鲁吉亚平原和高原地带1月平均气温－3～0℃，7月平均气温24～25℃。年日照时数超过2 500小时。主要气象灾害有暴雨(雪)、干旱、高温等。

首都第比利斯属温带大陆性气候。四季分明，气候相对干燥。1月平均气温1.7℃，7月平均气温24.4℃，年降水量约496毫米。

第比利斯常年各月平均气温、降水量值

	1月	2月	3月	4月	5月	6月	7月	8月	9月	10月	11月	12月
平均气温(℃)	1.7	2.9	6.9	12.8	17.4	21.2	24.4	23.7	19.6	13.5	8.1	3.8
降水量(毫米)	18.9	25.8	30.3	50.5	77.6	76.0	44.9	47.5	35.6	37.5	29.9	21.0

亚美尼亚

亚美尼亚属高原大陆性气候，夏季炎热干燥，冬季寒冷。区域气候差别大，气候随地势高低而变，由干燥的亚热带气候逐渐变成寒带气候，高原地区日照充足，是典型的山区气候。年平均气温－2.7～13.8℃，1月平均气温－2～12℃，7月平均气温24～26℃。年降水量220～900毫米。主要气象灾害有低温、干旱、高温等。

首都埃里温1月平均气温－3.5℃，7月平均气温26.0℃。年降水量约277毫米。

埃里温常年各月平均气温、降水量值

	1月	2月	3月	4月	5月	6月	7月	8月	9月	10月	11月	12月
平均气温(℃)	－3.5	－1.0	5.8	12.7	17.5	21.9	26.0	25.2	20.7	13.2	6.5	0.2
降水量(毫米)	21.1	24.0	32.4	36.5	42.5	20.5	10.2	7.2	10.4	26.7	22.3	22.8

巴勒斯坦

巴勒斯坦属亚热带地中海气候，夏季炎热干燥，冬季温暖湿润。南北雨量悬殊，最北部年降水量 900 毫米，最南部仅 50 毫米左右。主要气象灾害有干旱、大风、沙尘、暴雨等。

耶路撒冷属地中海气候。冬季温暖，但每年至少会出现一次降雪。最热 7 月平均气温 23.0℃，最冷 1 月平均气温 8.0℃。年降水量约 554 毫米，主要出现在 11 月至次年 4 月，6—8 月几乎无雨。

耶路撒冷常年各月平均气温、降水量值

	1月	2月	3月	4月	5月	6月	7月	8月	9月	10月	11月	12月
平均气温(℃)	8.0	9.0	11.1	15.2	18.8	21.4	23.0	22.6	22.1	19.2	14.2	9.7
降水量(毫米)	133.2	118.3	92.7	24.5	3.2	0.0	0.0	0.0	0.3	15.4	60.8	105.7

叙利亚

叙利亚沿海和北部地区属亚热带地中海气候，夏季炎热干燥，冬季温和多雨。南部地区属热带沙漠气候，四季分明，冬季雨量较少，夏季干燥炎热。叙利亚一半的国土年降水量不足 250 毫米，南部地区仅 100 毫米，但沿海地区年降水量超过 1 000 毫米。叙利亚冬季是雨季，多暴雨，夏季是旱季。春、夏季，内陆地区有时候会出现沙尘暴。主要气象灾害有干旱、高温、沙尘、暴雨等。

首都大马士革属于典型的亚热带地中海气候，冬季湿润，夏季少雨，春、秋两季较短。年平均气温 17℃，年最低气温 0℃，最高气温达 40℃。年降水量约 144 毫米，主要集中在 11 月到次年 2 月，6—9 月几乎无雨。

大马士革常年各月平均气温、降水量值

	1月	2月	3月	4月	5月	6月	7月	8月	9月	10月	11月	12月
平均气温(℃)	5.9	7.8	11.0	15.5	20.2	24.4	26.3	26.0	23.2	18.1	11.8	7.2
降水量(毫米)	29.3	24.0	17.4	11.2	3.7	0.6	0.0	0.0	0.1	10.1	21.3	26.0

也门

也门属热带大陆性气候，但区域差异大。南部属热带干旱气候，分凉、热两季，

4—10月为热季，平均气温37℃，11月至次年3月为凉季，平均气温27℃，年降水量50毫米。北部气候种类较多，东面缓坡是沙漠和半沙漠地区，气候干燥，炎热少雨；中央是高原，气候凉爽；丘陵地区气候温和，雨量充沛，年降水量在1 000毫米以上，降水主要集中在3—5月和7—9月；西部红海沿岸，气候炎热而潮湿，夏季气温在35～40℃，最高气温可达45℃以上，年降水量不足400毫米。主要气象灾害有干旱、高温、沙尘、暴雨等。

首都萨那气候温和，日照充足，年平均气温17.5℃，夏季气温一般不超过30℃，冬季最低气温0℃。年降水量约250毫米，有两个雨季，3—4月为小雨季，7—8月为大雨季。雨季时常常发生水灾。

萨那常年各月平均气温、降水量值*

	1月	2月	3月	4月	5月	6月	7月	8月	9月	10月	11月	12月
平均气温(℃)	12.6	14.1	16.3	16.6	18.0	19.3	20.0	19.6	17.8	15.0	12.9	12.4
降水量(毫米)	5	5	17	48	29	6	50	77	13	2	8	5

* 数据来源：Climate-Data. org。

斯洛文尼亚

斯洛文尼亚沿海属地中海气候，内陆属温带大陆性气候。1月平均气温－2℃，7月平均气温21℃。主要气象灾害有暴雨(雪)、冰冻等。

首都卢布尔雅那气候宜人，1月平均气温－1.1℃，7月平均气温19.9℃。年降水量1 368毫米。

卢布尔雅那常年各月平均气温、降水量值

	1月	2月	3月	4月	5月	6月	7月	8月	9月	10月	11月	12月
平均气温(℃)	－1.1	1.4	5.4	9.9	14.6	17.8	19.9	19.1	15.5	10.4	4.6	0.0
降水量(毫米)	71.0	71.0	87.0	103.0	113.0	154.0	117.0	134.0	131.0	147.0	137.0	103.0

爱沙尼亚

爱沙尼亚属海洋性气候，春季凉爽少雨，夏秋季温暖湿润，冬季寒冷多雪。冬季平均气温7℃，夏季平均气温16℃，年降水量500～700毫米。主要气象灾害有低温、暴雪等。

首都塔林冬季寒冷、雪多、时间长，夏季凉爽、时间短。年平均气温5.1℃，1月平均气温－5.5℃，7月平均气温16.3℃。年降水量667毫米。

塔林常年各月平均气温、降水量值

	1月	2月	3月	4月	5月	6月	7月	8月	9月	10月	11月	12月
平均气温(℃)	－5.5	－5.7	－2.2	3.4	9.7	14.5	16.3	15.3	10.8	6.3	1.2	－2.9
降水量(毫米)	45.0	29.0	29.0	36.0	37.0	53.0	79.0	84.0	82.0	70.0	68.0	55.0

捷　克

捷克地处北温带，位于西欧海洋性气候和东欧平原大陆性气候之间的过渡区域上，冬季温和无严寒，夏季雨量充沛无酷暑。年平均气温8.3℃，夏季平均气温16.7℃，冬季平均气温－1℃。年降水量700多毫米。主要气象灾害有暴雨、寒潮、暴风雪等。

首都布拉格为典型的温带大陆性气候。1月平均气温－2.0℃，平均最高气温0.4℃，平均最低气温－5.3℃；7月平均气温17.1℃，平均最高气温23.3℃，平均最低气温11.8℃。年降水量约526毫米。

布拉格常年各月平均气温、降水量值

	1月	2月	3月	4月	5月	6月	7月	8月	9月	10月	11月	12月
平均气温(℃)	－2.0	－0.6	3.1	7.6	12.5	15.6	17.1	16.6	13.2	8.3	3.0	－0.2
降水量(毫米)	23.6	22.6	28.1	38.2	77.2	72.7	66.2	69.6	40.4	30.5	31.9	25.3

斯洛伐克

斯洛伐克属海洋性气候向大陆性气候过渡的温带气候，四季交替明显，夏季温暖，冬季寒冷。年平均气温9.8℃，最高气温36.6℃，最低气温－26.8℃。年降水量500～700毫米，山区1 000毫米以上。主要气象灾害有暴雨、高温、低温冻害、寒潮、暴风雪等。

首都布拉迪斯拉发属大陆性气候。夏季白天平均气温30℃,夜间20℃;冬季白天气温为−5～10℃,夜间一般不低于−10℃。年降水量565毫米。

布拉迪斯拉发常年各月平均气温、降水量值

	1月	2月	3月	4月	5月	6月	7月	8月	9月	10月	11月	12月
平均气温(℃)	−0.4	1.2	5.5	11.0	16.0	19.1	21.3	20.7	15.9	10.4	4.9	0.7
降水量(毫米)	39.0	37.0	38.0	34.0	55.0	57.0	53.0	59.0	55.0	38.0	54.0	46.0

拉脱维亚

拉脱维亚属温带气候,年降水量550～800毫米,较湿润。夏季白天平均气温23℃,夜晚平均气温11℃,冬季沿海地区平均气温−2～3℃,非沿海地区−6～7℃。湿度大,全年约有一半时间为雨雪天气。主要气象灾害有暴雨(雪)、连阴雨等。

首都里加属北温带大陆性气候,1月平均气温−4.7℃,7月平均气温16.9℃。年降水量636毫米。沿海冰冻期为12月至次年4月。

里加常年各月平均气温、降水量值

	1月	2月	3月	4月	5月	6月	7月	8月	9月	10月	11月	12月
平均气温(℃)	−4.7	−4.2	−0.5	5.1	11.4	15.5	16.9	16.2	12.0	7.4	2.1	−2.3
降水量(毫米)	33.0	25.0	31.0	39.0	43.0	61.0	79.0	79.0	76.0	60.0	61.0	49.0

立陶宛

立陶宛的气候介于海洋性气候和大陆性气候之间。冬季较长,多雨雪,日照少,9月中旬至次年3月中旬气温最低,1月平均气温−4～7℃;夏季较短而且凉爽,6月下旬至8月上旬最温暖,7月平均气温16～20℃。年降水量748毫米。主要气象灾害有暴雨(雪)。

首都维尔纽斯的气候介于大陆性气候与海洋性气候之间,年平均气温6.0℃;1月平均气温−6.1℃,7月平均气温16.9℃。年降水量683毫米。

维尔纽斯常年各月平均气温、降水量值

	1月	2月	3月	4月	5月	6月	7月	8月	9月	10月	11月	12月
平均气温(℃)	−6.1	−4.8	−0.6	5.7	12.5	15.8	16.9	16.3	11.6	6.6	1.2	−2.9
降水量(毫米)	41.0	38.0	39.0	46.0	62.0	77.0	78.0	72.0	65.0	53.0	57.0	55.0

波　兰

波兰西部和北部主要属海洋性气候，冬季温和潮湿，夏季凉爽多雨；东部和南部属大陆性气候，冬天寒冷，夏天炎热干燥。除山区外，1月平均气温−5～−1℃，7月平均气温17～19℃。年降水量600毫米；南部丘陵地区和山区年降水最多，为1 200～1 500毫米，中部平原地区年降水最少，为450～550毫米。主要气象灾害有暴雨、干旱、高温、寒潮等。

首都华沙属温带大陆性气候，年平均气温17℃，1月平均气温−3.3℃，平均最低气温−6.1℃，7月平均气温18.0℃，平均最高气温23.3℃。年降水量515毫米。

华沙常年各月平均气温、降水量值

	1月	2月	3月	4月	5月	6月	7月	8月	9月	10月	11月	12月
平均气温(℃)	−3.3	−2.1	1.9	7.7	13.5	16.7	18.0	17.3	13.1	8.2	3.2	−0.9
降水量(毫米)	22.0	21.0	26.0	33.0	58.0	71.0	69.0	62.0	43.0	37.0	41.0	32.0

克罗地亚

克罗地亚沿海为地中海气候，内陆逐渐向温带大陆性气候过渡，四季分明。春季天气晴朗暖和，夏季漫长、炎热且干燥，其中8月最热；秋季比春季温暖，冬季短促而温和，月平均气温不低于5℃，但常刮大风。内陆地区夏季温度较高，山区冬季多雪而寒冷，气温可降到−25℃。沿海地带天空云量较少，光照时间较长。主要气象灾害有暴雨(雪)、低温、大风等。

首都萨格勒布属温带大陆性气候，气候温和。年平均气温11.3℃，1月平均气温0.2℃，7月平均气温21.2℃。年降水量约883毫米。

萨格勒布常年各月平均气温、降水量值

	1月	2月	3月	4月	5月	6月	7月	8月	9月	10月	11月	12月
平均气温(℃)	0.2	2.9	7.1	11.7	16.1	19.2	21.2	20.4	16.9	11.7	6.3	1.8
降水量(毫米)	52.9	46.6	58.1	64.6	82.9	100.8	87.4	91.4	81.2	69.5	84.8	62.4

匈牙利

匈牙利地处大陆性气候、海洋性气候和地中海亚热带气候的交汇点，属温带大陆性气候。年平均气温 10.8℃，夏季平均气温 21.7℃，7—8 月最热（最高达 34.5℃）；1—2 月最冷，平均气温－1.2℃。年日照时数为 2 038 小时，年平均风速 2.2 米/秒。年降水量 630 毫米，西部地区降水量最大，蒂萨河中游地区降水量最小。在春、夏和秋末，地中海气候对匈牙利影响很大，降水较集中。主要气象灾害有暴雨（雪）。

首都布达佩斯属温带大陆性湿润气候，冬季温暖，夏季炎热，1 月平均气温－1.6℃，7 月平均气温 20.8℃。年降水量 516 毫米。

布达佩斯常年各月平均气温、降水量值

	1月	2月	3月	4月	5月	6月	7月	8月	9月	10月	11月	12月
平均气温(℃)	－1.6	1.1	5.6	11.1	15.9	19.0	20.8	20.2	16.4	11.0	4.8	0.4
降水量(毫米)	32.0	31.0	29.0	38.0	55.0	63.0	52.0	51.0	40.0	33.0	52.0	40.0

罗马尼亚

罗马尼亚属典型的温带大陆性气候，年平均气温在 10℃左右。四季分明，春季气候温和；夏季暖热，平均气温 22～24℃，最高气温可达 38℃；秋天凉爽干燥；12 月至次年 3 月是冬季，平均气温－3℃。年降水量约 660 毫米，春末和夏初为多雨季节。主要气象灾害有大风、高温、寒潮、暴风雪等。

首都布加勒斯特属温带大陆性气候，冬季寒冷，夏季暖热，四季分明。1 月平均气温－2.4℃，平均最高气温 1.5℃，平均最低气温－5.5℃；7 月平均气温 22.0℃；平均最高气温 28.8℃，平均最低气温 15.6℃。年降水量 595 毫米。

布加勒斯特常年各月平均气温、降水量值

	1月	2月	3月	4月	5月	6月	7月	8月	9月	10月	11月	12月
平均气温(℃)	−2.4	−0.1	4.8	11.3	16.7	20.2	22.0	21.2	16.9	10.8	5.2	0.2
降水量(毫米)	40.0	36.0	38.0	46.0	70.0	77.0	64.0	58.0	42.0	32.0	49.0	43.0

保加利亚

保加利亚属温带大陆性气候，其中北部属大陆性气候，南部属地中海气候，冬季较暖。1月平均气温−2～2℃，7月平均气温23～25℃。年降水量平原450毫米，山区1 300毫米。主要气象灾害有暴雨(雪)、干旱、大风等。

首都索非亚属温带大陆性气候，夏季温度适宜、湿度较大，整体气候宜人。1月平均气温−0.5℃，7月平均气温21.2℃。年降水量约582毫米。

索非亚常年各月平均气温、降水量值

	1月	2月	3月	4月	5月	6月	7月	8月	9月	10月	11月	12月
平均气温(℃)	−0.5	1.1	5.4	10.6	15.4	18.9	21.2	21	16.5	11.3	5.1	0.7
降水量(毫米)	33.2	31.5	38.1	50.7	67.0	75.4	52.6	57.6	45.7	45.0	43.3	41.7

黑　山

黑山依地形自南向北分为地中海气候、温带大陆性气候和山地气候，四季分明。年平均气温13.5℃，1月平均气温5℃，7月平均气温25℃。谷地气候温和，但较高地区气候恶劣，许多高山全年大部分时间积雪，在一些较为阴冷的谷地冰雪不融化。主要气象灾害有暴雨(雪)、低温等。

首都波德戈里察为典型的地中海气候。四季分明，夏季炎热干燥，冬季温暖潮湿。1月平均气温5.0℃，7月平均气温26.0℃；年降水量约1 661毫米，降水主要集中在秋、冬季。

波德戈里察常年各月平均气温、降水量值

	1月	2月	3月	4月	5月	6月	7月	8月	9月	10月	11月	12月
平均气温(℃)	5.0	6.8	10.0	13.9	19.0	22.8	26.0	25.5	21.4	15.9	10.5	6.5
降水量(毫米)	191.6	166.6	159.1	144.3	89.4	63.3	38.2	65.9	120.7	166.0	238.8	217.0

塞尔维亚

塞尔维亚属于温带大陆性气候。冬季寒冷，夏季炎热，年降水量550～750毫米。春季气温1～11℃，降水量48毫米左右；夏季气温12～24℃，降水量73毫米；秋季气温10～22℃，降水量49毫米；冬季气温－1～6℃，降水量54毫米。主要气象灾害有暴雨洪涝、雪灾、低温等。

首都贝尔格莱德属温带大陆性气候，冬季最低气温可至－25℃，夏季最高气温达40℃。1月平均气温0.4℃，7月平均气温21.7℃。年降水量约684毫米。

贝尔格莱德常年各月平均气温、降水量值

	1月	2月	3月	4月	5月	6月	7月	8月	9月	10月	11月	12月
平均气温(℃)	0.4	2.7	7.1	12.4	17.2	20.0	21.7	21.3	17.7	12.4	7.0	2.3
降水量(毫米)	49.3	44.4	49.5	58.8	70.7	90.4	66.4	51.2	51.4	40.3	54.3	57.5

马其顿

马其顿以温带大陆性气候为主，大部分农业地区夏季最高气温达40℃，冬季最低气温达－30℃。西部受地中海气候影响，年平均气温为10℃，夏季平均气温27℃。主要气象灾害有暴雨(雪)、高温、低温等。

首都斯科普里四周高山环绕，夏季炎热干燥，冬季寒冷湿润。年平均气温12℃，1月平均气温0.2℃，7月平均气温23.1℃。年降水量507毫米。

斯科普里常年各月平均气温、降水量值

	1月	2月	3月	4月	5月	6月	7月	8月	9月	10月	11月	12月
平均气温(℃)	0.2	3.2	7.6	12.1	17.0	20.8	23.1	22.6	18.5	12.3	5.7	1.2
降水量(毫米)	33.6	37.2	35.8	40.4	61.8	45.9	33.6	31.3	41.0	44.0	56.3	46.1

波　黑

波黑(波斯尼亚和黑塞哥维那)南北气候差异大，北部为温和的大陆性气候，南部为地中海气候。四季分明，5—10 月气候温暖干燥，冬季寒冷多雨雪，大风日数较多，昼夜温差较大。年平均气温 11.2℃，其中北部 1 月平均气温 -0.2℃，7 月平均气温 22.7℃；南部 1 月平均气温 6.3℃，7 月平均气温 27.4℃。黑塞哥维那和该国的南部区域以地中海气候为主，年降水量 600～800 毫米；中部和北部以高山气候为主，年降水量 1 500～2 500 毫米。主要气象灾害有暴雨(雪)、大风、低温等。

首都萨拉热窝气候相对温和，1 月平均气温 -0.9℃，7 月平均气温 18.9℃。年降水量约 932 毫米，各月降水量为 60～100 毫米，分布较均匀。

萨拉热窝常年各月平均气温、降水量值

	1月	2月	3月	4月	5月	6月	7月	8月	9月	10月	11月	12月
平均气温(℃)	-0.9	1.5	5.1	9.4	14.1	17.0	18.9	18.5	15.1	10.4	5.3	0.3
降水量(毫米)	71.4	67.0	70.3	73.6	81.7	91.0	80.2	70.7	70.3	77.3	94.2	84.7

阿尔巴尼亚

阿尔巴尼亚属亚热带地中海气候，冬季多云多雨，夏季炎热干燥。年平均气温 16.0℃，气温年较差 17.7℃。7 月最热，平均气温 24℃，最高达 41.5℃；1 月最冷，平均气温 7℃，最低达 -10℃。雨量充沛，年降水量 1 300 毫米，降水量季节分布不均，68%的降水集中在冬半年，10—11 月降水总量为夏季三个月降水量的 2.4 倍。主要气象灾害有暴雨(雪)、干旱、低温、高温等。

首都地拉那地处阿尔巴尼亚中部山间盆地，冬季温湿，夏季干热。1 月平均气温 8.5℃，7 月和 8 月平均气温均为 24.5℃。年降水量 1 189 毫米。

地拉那常年各月平均气温、降水量值

	1月	2月	3月	4月	5月	6月	7月	8月	9月	10月	11月	12月
平均气温(℃)	8.5	9.5	11.0	14.5	18.0	22.0	24.5	24.5	21.5	18.0	8.0	10.0
降水量(毫米)	132.0	120.0	100.0	87.0	99.0	60.0	28.0	39.0	73.0	157.0	152.0	142.0

俄罗斯

俄罗斯大部地区处于北温带，气候多样，以温带大陆性气候为主，从西到东大陆性气候逐渐加强，北冰洋沿岸属寒带气候或称极地气候，太平洋沿岸属温带季风气候。冬季漫长严寒，夏季短促凉爽，春、秋季节甚短。温差普遍较大，1月平均气温－18～－9℃，7月平均气温11～27℃。年降水量俄罗斯平原500～700毫米，东西伯利亚200～300毫米，北高加索地区降水量最多，达2 500毫米。主要气象灾害有暴雨(雪)、低温冻害、大风、高温、干旱等。

首都莫斯科属温带大陆性湿润气候。冬冷夏热，1月平均气温－9.3℃，7月平均气温18.2℃。气温起伏大，夏季最高气温超过37℃，冬季最低气温低至－43℃。年降水量约689毫米，年积雪期长达146天(11月初至次年4月中旬)。

莫斯科常年各月平均气温、降水量值

	1月	2月	3月	4月	5月	6月	7月	8月	9月	10月	11月	12月
平均气温(℃)	－9.3	－7.7	－2.2	5.8	13.1	16.6	18.2	16.4	11.0	5.1	－1.2	－6.1
降水量(毫米)	42.0	36.4	34.0	43.8	50.8	75.0	93.6	76.8	64.7	59.0	57.6	55.5

白俄罗斯

白俄罗斯属温带大陆性气候，气候温和较湿润。冬季雪多湿润，夏季凉爽，秋季多雨。全年降水量低地550～650毫米，平原和高地650～750毫米。1月平均气温西南地区－4℃，东北地区－8℃，最低气温可降至－30℃；7月平均气温17～19℃，最高气温25℃左右。年生长期184～208天。主要气象灾害有暴雨(雪)、强风暴、干旱、低温冻害等。

首都明斯克属温和的大陆性气候。气候宜人，1月平均气温－6.9℃，7月平均气温17.3℃。年降水量677毫米。

明斯克常年各月平均气温、降水量值

	1月	2月	3月	4月	5月	6月	7月	8月	9月	10月	11月	12月
平均气温(℃)	−6.9	−5.8	−1.4	6.0	12.9	16.1	17.3	16.5	11.7	6.3	0.8	−3.8
降水量(毫米)	40.0	34.0	42.0	42.0	62.0	83.0	88.0	72.0	60.0	49.0	52.0	53.0

乌克兰

乌克兰大部分地区为温带大陆性气候，克里米亚半岛南部为亚热带气候。四季分明，春、夏短暂，冬、秋较长。夏季全国大部地区最高气温达36～39℃，而冬季最低气温在东部地区低至−40℃左右，在南部地区为−30℃。1月平均气温−7.4℃，7月平均气温19.6℃。年降水量东南部300毫米，西北部600～700毫米，降水多集中在6月和7月。主要气象灾害有干旱、暴雨(雪)、低温冻害、高温、大风等。

首都基辅气候温和，1月平均气温−5.6℃，7月平均气温19.3℃。年降水量649毫米，无霜期180天。

基辅常年各月平均气温、降水量值

	1月	2月	3月	4月	5月	6月	7月	8月	9月	10月	11月	12月
平均气温(℃)	−5.6	−4.2	0.7	8.7	15.1	18.2	19.3	18.6	13.9	8.1	2.1	−2.3
降水量(毫米)	47.0	46.0	39.0	49.0	53.0	73.0	88.0	69.0	47.0	35.0	51.0	52.0

摩尔多瓦

摩尔多瓦属温带大陆性气候。夏季漫长、炎热，冬季短促、温和多雪。年平均气温8～10℃，其中1月平均气温−3～−5℃，7月平均气温18～20℃。四季分明，春季气候变化无常，有时骄阳似火，有时冷雨淅沥；夏季温高雨多；秋季温暖怡人；冬季少雪，常常出现阴雨天气。摩尔多瓦日照充足，有“阳光之国”的美誉，日照时数北部有2 060小时，南部有2 330小时。年降水量从西北向东南逐渐减少，北部地区560毫米，西南部地区300毫米。主要气象灾害有暴雨、连阴雨、干旱等。

首都基希讷乌1月平均气温−3.2℃，7月平均气温20.9℃。年降水量547毫米。

基希讷乌常年各月平均气温、降水量值

	1月	2月	3月	4月	5月	6月	7月	8月	9月	10月	11月	12月
平均气温(℃)	−3.2	−1.7	2.8	10.3	16.1	19.4	20.9	20.5	16.2	10.2	4.4	−0.3
降水量(毫米)	40.0	38.0	35.0	42.0	51.0	76.0	69.0	45.0	46.0	27.0	40.0	38.0

埃　及

埃及气候干热，少雨。尼罗河三角洲和北部沿海地区属亚热带地中海气候，气候相对温和，1月平均气温12℃，7月平均气温26℃；年降水量50～200毫米。其余大部分地区属热带沙漠气候，炎热干燥，气温可达40℃，年降水量不足30毫米。每年4—5月常有“五旬风”，夹带沙石，使农作物受害。主要气象灾害有干旱、大风、沙尘暴、高温等。

首都开罗处于地中海气候向热带沙漠气候的过渡带上，4—10月炎热干燥，几乎滴雨不下，气温可高达40℃以上。7月平均最高气温34.4℃，平均最低气温21.7℃；1月平均最高气温18.8℃，平均最低气温9.0℃。年降水量仅26毫米。

开罗常年各月平均气温、降水量值

	1月	2月	3月	4月	5月	6月	7月	8月	9月	10月	11月	12月
平均气温(℃)	13.6	14.9	16.9	21.2	24.5	27.3	27.6	27.4	26.0	23.3	18.9	15.0
降水量(毫米)	7.0	4.0	4.0	2.0	0.0	0.0	0.0	0.0	0.0	1.0	3.0	5.0

附录 D

“一带一路”各国国家信用及与中国的外交关系

区域	国家	与中国外交关系（含经贸）						地缘重要性				国家信用评级（中国大公信用评级）			总体评级
		建交时间	外交关系	签证策略		经贸关系	年贸易额（亿美元）	是否接壤	公路（铁路）是否直联	港口是否通航	飞机是否直航	本币信用级别	外币信用级别	展望	
				外交/公务	普通（含商务）										
	中国	/	/	/	/	/	/	/	/	/	/	AA+	AAA	稳定	/
东亚	蒙古	1949-10-16	全面战略伙伴关系	免签	正常	已建立贸易关系，成立了经济、贸易和科技合作委员会，签署了投资保护协定	50～60	是	是（公路、铁路）	否	是	BB—	BB—	稳定	B
东南亚	新加坡	1990-10-03	全面合作伙伴关系	免签	正常	中新经贸合作发展迅速。中国连续两年成为新加坡最大贸易伙伴，新加坡连续两年成为我第一大投资来源国。已签订《中新自由贸易协定》	700～800	否	否	是	是	AAA	AAA	稳定	A

续表

区域	国家	与中国外交关系（含经贸）						地缘重要性				国家信用评级（中国大公信用评级）			总体评级
		建交时间	外交关系	签证策略		经贸关系	年贸易额（亿美元）	是否接壤	公路（铁路）是否直联	港口是否通航	飞机是否直航	本币信用级别	外币信用级别	展望	
				外交/公务	普通（含商务）										
东南亚	文莱	1991-09-30	睦邻友好关系、战略合作关系	公务普通需办理签证	1. 旅游团可落地签；2. 商务旅游需有文莱保荐人或在对口接待方	两国在投资、承包劳务等方面合作成效显著。签有投资保护、避免双重征税和防止偷漏税等多项协定	20～30	否	否	是	否				B
	马来西亚	1974-05-31	全面战略伙伴关系	公务普通需办理签证	落地签（指定机场、口岸）	两国签有投资保护、避免双重征税、海运等多项经贸合作协议。中国连续7年成为马来西亚最大贸易伙伴，马来西亚是中国在东盟国家中最大的贸易伙伴	1 000～1 100	否	否	是	是	A+	A+	负面	B

续表

区域	国家	与中国外交关系（含经贸）					年贸易额（亿美元）	地缘重要性				国家信用评级（中国大公信用评级）			总体评级
		建交时间	外交关系	签证策略		经贸关系		是否接壤	公路（铁路）是否直联	港口是否通航	飞机是否直航	本币信用级别	外币信用级别	展望	
				外交/公务	普通（含商务）										
东南亚	泰国	1975－07－01	全面战略合作伙伴关系	公务普通需办理签证	落地签	中国是泰国最大贸易伙伴，泰国是中国在东盟国家中第四大贸易伙伴	700～800	否	否	是	是	BBB	BBB	负面	B
	东帝汶	2002－05－20	全面合作伙伴关系	免签	落地签（海、空渠道入境）	两国政府签署了《贸易协定》和多项经济技术合作协定。中方对东帝汶输华产品实施零关税待遇	5～6	否	否	是	否				B
	印度尼西亚	1950－04－13	全面战略伙伴关系	免签	落地签（指定机场、口岸）	两国经贸合作发展顺利。签订了投资保护、海运等多项协定，成立了经济贸易技术合作联委会	600～700	否	否	是	是	BBB－	BBB－	负面	A

续表

区域	国家	与中国外交关系（含经贸）						地缘重要性				国家信用评级（中国大公信用评级）			总体评级
		建交时间	外交关系	签证策略		经贸关系	年贸易额（亿美元）	是否接壤	公路（铁路）是否直联	港口是否通航	飞机是否直航	本币信用级别	外币信用级别	展望	
				外交/公务	普通（含商务）										
东南亚	菲律宾	1975-06-09	战略性合作关系	公务普通可办理落地签	落地签、免签（1. 持申根有效签证者；2. 持香港或澳门特区护照的中国公民）	两国经贸合作发展顺利	400～500	否	否	是	是	BB−	BB−	负面	B
	越南	1950-01-18	全面战略合作伙伴关系	免签	落地签（需符合一定条件）	中国现为越南第一大贸易伙伴。越南成为我在东盟第二大贸易伙伴	800～900	是	是（公路、铁路）	是	是	B+	B+	稳定	B

续表

区域	国家	与中国外交关系（含经贸）					年贸易额（亿美元）	地缘重要性				国家信用评级（中国大公信用评级）			总体评级
		建交时间	外交关系	签证策略		经贸关系		是否接壤	公路（铁路）是否直联	港口是否通航	飞机是否直航	本币信用级别	外币信用级别	展望	
				外交/公务	普通（含商务）										
东南亚	老挝	1961-04-25	全面战略合作伙伴关系	免签	落地签、免签（加注有效公务签证的普通护照）	中老经贸关系发展顺利	40～50	是	是（公路）	否	是	Bg－（中诚信评级）	Bg－（中诚信评级）	稳定（中诚信评级）	A
	缅甸	1950-06-08	全面战略合作伙伴关系	公务普通需办理签证	落地签（指定机场和口岸）	中国为缅第一大贸易伙伴	240～260	是	否	是	是	Bg－（中诚信评级）	Bg－（中诚信评级）	稳定（中诚信评级）	B
	柬埔寨	1958-07-19	全面战略合作伙伴关系	公务普通可办理落地签	需办理签证	中国是柬埔寨第三大贸易伙伴。两国签订了贸易、促进和投资保护协定，并于 2000 年成立两国经济贸易合作委员会	40～50	否	否	是	是	B	B	稳定	A

续表

区域	国家	与中国外交关系（含经贸）						地缘重要性				国家信用评级（中国大公信用评级）			总体评级
		建交时间	外交关系	签证策略		经贸关系	年贸易额（亿美元）	是否接壤	公路（铁路）是否直联	港口是否通航	飞机是否直航	本币信用级别	外币信用级别	展望	
				外交/公务	普通（含商务）										
南亚	马尔代夫	1972-10-14	传统友好近邻	免签	落地签	已签署两国政府贸易和经济合作协定。自贸区正在谈判	1～2	否	否	是	是				A
南亚	斯里兰卡	1957-02-07	真诚互助、世代友好的战略合作伙伴关系	免签	落地签、电子签	两国贸易发展顺利。1952年，斯在两国未建交的情况下，同中国签订了《米胶贸易协定》	30～40	否	否	是	是	B+	B+	稳定	A
南亚	不丹	中不迄未建交，但保持友好交往	无	正常	旅游签证为口岸人境签	已建立贸易关系	0.2～0.3	是	否	否	否				B

续表

区域	国家	与中国外交关系（含经贸）						地缘重要性				国家信用评级（中国大公信用评级）			总体评级
		建交时间	外交关系	签证策略		经贸关系	年贸易额（亿美元）	是否接壤	公路（铁路）是否直联	港口是否通航	飞机是否直航	本币信用级别	外币信用级别	展望	
				外交/公务	普通（含商务）										
南亚	印度	1950-04-01	战略合作伙伴关系	正常（在线填写申请表）	正常（在线填写申请表）	中印双边贸易发展顺利	600～700	是	是（公路）	是	是	BBB	BBB	负面	A
	巴基斯坦	1951-05-21	全面战略合作伙伴关系	免签	正常（在线填写申请表）	两国的经贸合作进展顺利，已签署自由贸易协定	700～800	是	是（公路）	是	是	CCC	CCC	稳定	A
	孟加拉国	1975-10-04	全面合作伙伴关系	免签	正常	经贸关系发展顺利，两国已成立经济、贸易和科学技术联合委员会	100～200	否	否	是	否	BB－	BB－	稳定	A
	尼泊尔	1955-08-01	全面合作伙伴关系	免签	落地签（指定机场）	已签订贸易、经济技术合作、避免双重征税和防止偷漏税等协定。尼泊尔是西藏自治区最大的贸易伙伴	200～300	是	是（公路）	否	有				B

续表

区域	国家	与中国外交关系（含经贸）					年贸易额（亿美元）	地缘重要性				国家信用评级（中国大公信用评级）			总体评级
		建交时间	外交关系	签证策略		经贸关系		是否接壤	公路（铁路）是否直联	港口是否通航	飞机是否直航	本币信用级别	外币信用级别	展望	
				外交/公务	普通（含商务）										
中亚	哈萨克斯坦	1992-01-03	全面战略合作伙伴关系	公务普通需办理签证	正常	上合组织成员国。哈是中国在独联体国家中仅次于俄罗斯的第二大贸易伙伴，中国是哈第一大贸易伙伴	200～300	是	是（公路、铁路）	是	是	BBB	BBB－	稳定	A
	土库曼斯坦	1992-01-06	单纯建交	免签	落地签	中土经贸合作发展迅速。中国以进口为主	100～200	否	是（铁路）	否	是	BBB＋	BBB＋	稳定	A
	乌兹别克斯坦	1992-01-02	战略伙伴关系	公务需办理签证	正常	上合组织成员国。中国是乌第二大贸易伙伴	40～50	否	是（铁路）	否	是	BBB	BBB	稳定	A
	塔吉克斯坦	1992-01-04	睦邻友好关系	免签	正常	上合组织成员国。中塔贸易规模较小，但增势强劲。两国大项目合作取得突破性进展	20～30	是	是（公路）	否	是	Bg（中诚信评级）	Bg（中诚信评级）		A

续表

区域	国家	与中国外交关系（含经贸）					年贸易额（亿美元）	地缘重要性				国家信用评级（中国大公信用评级）			总体评级
		建交时间	外交关系	签证策略		经贸关系		是否接壤	公路（铁路）是否直联	港口是否通航	飞机是否直航	本币信用级别	外币信用级别	展望	
				外交/公务	普通（含商务）										
中亚	吉尔吉斯斯坦	1992-01-05	睦邻友好关系	公务普通需办理签证	正常	中吉经贸关系发展良好，吉为上合组织成员国	50～60	是	是（公路、铁路）	否	有	Bg（中诚信评级）	Bg（中诚信评级）	稳定（中诚信评级）	A
中亚	阿富汗	1955-01-20	战略合作伙伴关系	公务需办理签证	正常	已签署两国政府贸易和经济合作协定。中方给予阿278种对华出口商品零关税待遇。阿为上合组织观察员国	4～5	是	否	否	否				B
西亚	卡塔尔	1988-07-09	战略伙伴关系	正常	正常	两国经贸合作发展顺利，双边贸易中，中方以进口为主	100～200	否	否	是	是	AA—	AA—	稳定	A
西亚	科威特	1971-03-22	友好合作关系	免签	正常（须本人到科威特使馆办理）	双边贸易发展顺利，中国以进口为主。已签订贸易、鼓励和保护投资、双重税收等协定	100～200	否	否	是	否	AA	AA	稳定	B

续表

区域	国家	与中国外交关系（含经贸）						地缘重要性				国家信用评级（中国大公信用评级）			总体评级
		建交时间	外交关系	签证策略		经贸关系	年贸易额（亿美元）	是否接壤	公路（铁路）是否直联	港口是否通航	飞机是否直航	本币信用级别	外币信用级别	展望	
				外交/公务	普通（含商务）										
西亚	阿拉伯联合酋长国	1984-11-01	战略伙伴关系	正常	1. 由第三国经迪拜转机可办理落地签证；2. 香港特别行政区居民使用香港特别行政区护照可免签入境	阿联酋是中国在阿拉伯世界最大出口市场和第二大贸易伙伴	500～600	否	否	是	是	A－	BBB＋	稳定	A

续表

区域	国家	与中国外交关系（含经贸）						地缘重要性				国家信用评级（中国大公信用评级）			总体评级
		建交时间	外交关系	签证策略		经贸关系	年贸易额（亿美元）	是否接壤	公路（铁路）是否直联	港口是否通航	飞机是否直航	本币信用级别	外币信用级别	展望	
				外交/公务	普通（含商务）										
西亚	以色列	1992－01－24	单纯建交	正常	正常	双边关系发展顺利。签署了贸易、避免双重征税、投资保护、经贸合作、研发合作等协定	100～200	否	否	是	是	A－	A－	稳定	A
	沙特阿拉伯	1990－07－21	战略性合作关系	正常	正常	两国经贸和能源合作发展迅速。沙特是我在西亚非洲地区第一大贸易伙伴	400～500	否	否	是	否	AA	AA	稳定	A
	巴林	1989－04－18	单纯建交	落地签（指定机场、口岸）	落地签（指定机场、口岸）	中巴经贸关系稳步发展。中国以出口为主	10～20	否	否	是	否	A－	A－	稳定	B
	阿曼	1978－05－25	单纯建交	公务普通需办理签证	正常	两国经贸合作发展顺利。中国以进口为主	200～300	否	否	是	否	AA－	AA－	稳定	A

续表

区域	国家	与中国外交关系（含经贸）						地缘重要性				国家信用评级（中国大公信用评级）			总体评级
		建交时间	外交关系	签证策略		经贸关系	年贸易额（亿美元）	是否接壤	公路（铁路）是否直联	港口是否通航	飞机是否直航	本币信用级别	外币信用级别	展望	
				外交/公务	普通（含商务）										
西亚	土耳其	1971-08-04	单纯建交	免签	正常	两国经贸合作稳步开展，我国以出口为主，主要合作领域为交通、电力、冶金、电信	200～300	否	是（铁路）	是	是	BB−	BB−	负面	B
西亚	黎巴嫩	1971-11-09	单纯建交（双边关系长期平稳发展）	落地签	落地签	两国贸易发展顺利。中国以出口为主，主要出口商品为机电类产品、纺织品、电子设备等	20～30	否	否	是	否	B（标准普尔主权债券评级，2011）	B（标准普尔主权债券评级，2011）	稳定（标准普尔主权债券评级，2011）	B
西亚	阿塞拜疆	1992-04-02	单纯建交	免签	1. 团体旅游免签 2. 其他正常办理签证	中阿经贸关系发展顺利	9～10	否	是（铁路）	是	是	BB+（标准普尔主权债券评级，2011）	BB+（标准普尔主权债券评级，2011）	升（标准普尔主权债券评级，2011）	A

续表

区域	国家	与中国外交关系（含经贸）						地缘重要性				国家信用评级（中国大公信用评级）			总体评级
		建交时间	外交关系	签证策略		经贸关系	年贸易额（亿美元）	是否接壤	公路（铁路）是否直联	港口是否通航	飞机是否直航	本币信用级别	外币信用级别	展望	
				外交/公务	普通（含商务）										
西亚	伊朗	1971-08-16	单纯建交	公务普通需办理落地签	落地签	中伊经贸合作不断深化	500～600	否	是（铁路）	是	是	Bg＋（中诚信评级）	Bg＋（中诚信评级）	正面（中诚信评级）	A
	伊拉克	1958-08-25	单纯建交	正常	正常	中伊经贸合作发展顺利	200～300	否	否	是	是				B
	约旦	1977-04-07	单纯建交	公务普通需办理落地签	落地签	已签订贸易协定。近年双边贸易合作快速增长。目前中国是约旦第三大贸易伙伴	30～40	否	否	是	否	B＋	B＋	稳定	A
	格鲁吉亚	1992-06-09	友好合作关系	免签	1. 团体旅游免签 2. 其他正常办理签证	双边贸易发展顺利	9～10	否	是（铁路）	是	否	BB－	BB－	稳定	A

续表

区域	国家	与中国外交关系（含经贸）					年贸易额（亿美元）	地缘重要性				国家信用评级（中国大公信用评级）			总体评级
		建交时间	外交关系	签证策略：外交/公务	签证策略：普通（含商务）	经贸关系		是否接壤	公路（铁路）是否直联	港口是否通航	飞机是否直航	本币信用级别	外币信用级别	展望	
西亚	亚美尼亚	1992-04-06	友好合作关系	免签	正常	中亚经贸关系发展顺利	2～3	否	否	否	否	BB—（惠誉信用评级）	BB—（惠誉信用评级）	稳定（惠誉信用评级）	A
	巴勒斯坦	1988-11-20	单纯建交	公务普通需持以色列签证获取往返巴通行证	需持以色列签证获取往返巴通行证	已建立贸易关系，主要为中国对巴出口	0.7～0.8	否	否	是	否				B
	叙利亚	1956-08-01	单纯建交，双边关系发展平稳良好	正常	正常	已建立贸易关系。主要为中国对叙出口	9～10	否	否	是	否				B

续表

区域	国家	与中国外交关系（含经贸）					年贸易额（亿美元）	地缘重要性				国家信用评级（中国大公信用评级）			总体评级
		建交时间	外交关系	签证策略		经贸关系		是否接壤	公路（铁路）是否直联	港口是否通航	飞机是否直航	本币信用级别	外币信用级别	展望	
				外交/公务	普通（含商务）										
西亚	也门	1956-09-24	传统友好合作关系	正常	正常	已建立贸易关系	50～60	否	否	否	否	CC	CC	负面	B
中东欧	斯洛文尼亚	1992-05-12	单纯建交	外交普通需办理签证	正常（持其他申根签证，可在有效期和停留期内入境斯）	双边经贸发展顺利，已建立经贸混委会和科技合作委员会，已签订保护投资、避免双重征税等协定	20～30	否	否	是	否	BBg（中诚信评级）	BBg（中诚信评级）	负面（中诚信评级）	A

续表

区域	国家	与中国外交关系（含经贸）					年贸易额（亿美元）	地缘重要性				国家信用评级（中国大公信用评级）			总体评级
		建交时间	外交关系	签证策略		经贸关系		是否接壤	公路（铁路）是否直联	港口是否通航	飞机是否直航	本币信用级别	外币信用级别	展望	
				外交/公务	普通（含商务）										
中东欧	爱沙尼亚	1991-09-11	单纯建交（两国关系发展顺利）	正常（持其他申根签证，可在有效期和停留期内入境爱）	正常（持其他申根签证，可在有效期和停留期内入境爱）	中爱经贸关系发展顺利。已签定经济贸易、投资保护等协定	10～20	否	否	是	否	A	A	稳定	A
	捷克	1949-10-06	单纯建交（两国关系发展顺利）	正常（持其他申根签证，可在有效期和停留期内入境捷）	正常（持其他申根签证，可在有效期和停留期内入境捷）	两国经贸关系发展顺利，捷是中国在中东欧地区的第二大贸易伙伴	100～200	否	否	否	是	A+	A+	稳定	A

续表

区域	国家	与中国外交关系（含经贸）						地缘重要性				国家信用评级（中国大公信用评级）			总体评级
		建交时间	外交关系	签证策略：外交/公务	签证策略：普通（含商务）	经贸关系	年贸易额（亿美元）	是否接壤	公路（铁路）是否直联	港口是否通航	飞机是否直航	本币信用级别	外币信用级别	展望	
中东欧	斯洛伐克	1949-10-06	单纯建交	公务普通需办理签证	1. 持香港或澳门特区护照者可免签；2. 正常（持其他申根签证，可在有效期和停留期内入境）	两国经贸关系发展顺利，已签定经贸、投资保护、避免双重征税等协定	60～70	否	是（铁路）	否	否	Ag－（中诚信评级）	Ag－（中诚信评级）	负面（中诚信评级）	A
中东欧	拉脱维亚	1991-09-12	单纯建交	正常（持其他申根签证，可在有效期和停留期内入境）	正常（持其他申根签证，可在有效期和停留期内入境）	中拉经贸关系发展顺利。已签定经贸合作、避免双重征税等协定	20～30	否	否	是	否	BBB－	BBB－	稳定	A

续表

区域	国家	与中国外交关系（含经贸）						地缘重要性				国家信用评级（中国大公信用评级）			总体评级
		建交时间	外交关系	签证策略 外交/公务	签证策略 普通（含商务）	经贸关系	年贸易额（亿美元）	是否接壤	公路（铁路）是否直联	港口是否通航	飞机是否直航	本币信用级别	外币信用级别	展望	
中东欧	立陶宛	1991-09-14	单纯建交（两国关系总体发展顺利，两国领导人保持交往）	免签	1. 持香港或澳门特区护照者可免签；2. 正常（持其他申根签证，可在有效期和停留期内入境）	双边经贸关系平稳发展，主要为我方出口	10～20	否	否	是	否	BBB+	BBB+	稳定	A
	波兰	1949-10-07	战略伙伴关系	免签	正常（持其他申根签证，可在有效期和停留期内入境波）	中波经贸关系发展顺利。中国以出口为主	100～200	否	是（铁路）	是	否	A	A	稳定	A

续表

区域	国家	与中国外交关系（含经贸）					年贸易额（亿美元）	地缘重要性				国家信用评级（中国大公信用评级）			总体评级
		建交时间	外交关系	签证策略：外交/公务	签证策略：普通（含商务）	经贸关系		是否接壤	公路（铁路）是否直联	港口是否通航	飞机是否直航	本币信用级别	外币信用级别	展望	
中东欧	克罗地亚	1992-05-13	全面合作伙伴关系	公务普通需办理签证	正常（持其他申根签证，可在有效期和停留期内入境克）	政府间已建立经贸混委会和科技合作混委会，已签定保护投资、海运、避免双重征税和防止偷漏税等协定	10～20	否	否	是	否	BBB−	BBB−	负面	A
	匈牙利	1949-10-06	合作伙伴关系	公务普通需办理签证	正常（持其他申根签证，可在有效期和停留期内入境匈）	双边经贸发展顺利。匈是中国在中东欧地区重要贸易伙伴之一	90～100	否	是（铁路）	否	否	BBB	BBB−	稳定	A
	罗马尼亚	1949-10-05	全面合作伙伴关系	公务普通需办理签证	正常（持其他申根签证，可在有效期和停留期内入境罗）	双边经贸发展顺利。中国以出口为主	40～50	否	是（铁路）	是	否	BB+	BB	负面	A

续表

区域	国家	与中国外交关系（含经贸）						地缘重要性				国家信用评级（中国大公信用评级）			总体评级
		建交时间	外交关系	签证策略		经贸关系	年贸易额（亿美元）	是否接壤	公路（铁路）是否直联	港口是否通航	飞机是否直航	本币信用级别	外币信用级别	展望	
				外交/公务	普通（含商务）										
中东欧	保加利亚	1949-10-04	单纯建交	公务普通需办理签证	1. 持香港、澳门特别行政区护照免签；2. 其他正常（持申根国签发有效长期签证或居留证免签）	双边经贸发展顺利。已签定保护投资和避免双重征税等协定	20～30	否	是（铁路）	是	否	BBB—	BBB—	稳定	B
中东欧	黑山	2006-07-06	单纯建交	公务普通需办理签证	正常	两国经贸关系平稳发展。已建立经贸混委会和科技合作混委会	1～2	否	否	是	否	BB—（标准普尔主权债券评级，2011）	BB—（标准普尔主权债券评级，2011）	降（标准普尔主权债券评级，2011）	B

续表

区域	国家	与中国外交关系（含经贸）						地缘重要性				国家信用评级（中国大公信用评级）			总体评级
		建交时间	外交关系	签证策略		经贸关系	年贸易额（亿美元）	是否接壤	公路（铁路）是否直联	港口是否通航	飞机是否直航	本币信用级别	外币信用级别	展望	
				外交/公务	普通（含商务）										
中东欧	塞尔维亚	1955-01-02	战略伙伴关系	免签	1. 香港或澳门特别行政区护照可免签；2. 其他正常	已建立经贸合作委员会。已签定投资保护、避免双重征税、文化合作、科技合作等协定	7～8	否	否	是	否	BB—	BB—	负面	B
	马其顿	1993-10-12	单纯建交	免签	正常（持申根国签发有效长期签证或居留证免签）	已建立经贸混委会和科技合作委员会。已签经贸合作、避免双重征税、文化合作、科技合作等协定	1～2	否	否	是	否	BB—（标准普尔主权债券评级，2015）	BB—（标准普尔主权债券评级，2015）	降（标准普尔主权债券评级，2015）	B

续表

区域	国家	与中国外交关系（含经贸）					年贸易额（亿美元）	地缘重要性				国家信用评级（中国大公信用评级）			总体评级
		建交时间	外交关系	签证策略		经贸关系		是否接壤	公路（铁路）是否直联	港口是否通航	飞机是否直航	本币信用级别	外币信用级别	展望	
				外交/公务	普通（含商务）										
中东欧	波斯尼亚和黑塞哥维那	1995－04－03	单纯建交	免签	持香港特区或澳门特区护照人员可免签，其他正常	已建立经贸混委会。已签促进保护投资、文化合作等协定	3～4	否	否	是	否	B	B	稳定	A
中东欧	阿尔巴尼亚	1949－11－23	伙伴关系	免签	正常	双边经贸关系发展顺利。已建立经贸混委会。已签定贸易、保护投资、避免双重征税等协定	6～7	否	否	是	否	B+（标准普尔主权债券评级，2011）	B+（标准普尔主权债券评级，2011）	稳定（标准普尔主权债券评级，2011）	A
独联体	俄罗斯联邦	1949－10－02	全面战略协作伙伴关系	免签	团队旅游免签，其他正常	双边经贸发展顺利。俄为上合组织成员国。中国连续五年位居俄第一大贸易国，俄是中国第九大贸易国	900～1 000	是	是（公路、铁路）	是	是	A	A	稳定	A

续表

区域	国家	与中国外交关系（含经贸）						地缘重要性				国家信用评级（中国大公信用评级）			总体评级
		建交时间	外交关系	签证策略		经贸关系	年贸易额（亿美元）	是否接壤	公路（铁路）是否直联	港口是否通航	飞机是否直航	本币信用级别	外币信用级别	展望	
				外交/公务	普通（含商务）										
独联体	白俄罗斯	1992－01－20	单纯建交	公务普通需办理签证	团队旅游免签，其他正常	中白经贸关系发展顺利。中国是白第5大贸易伙伴，也是白在亚洲最大的贸易伙伴	15～20	否	是（铁路）	是	是	BB+	BB−	负面	A
	乌克兰	1992－01－04	战略伙伴关系	公务普通需办理签证	正常	已建立合作委员会。乌是中国在独联体地区的第四大贸易伙伴，中国是乌第二大贸易伙伴，也是乌在亚洲最大的贸易伙伴	80～90	否	是（铁路）	是	否	CC	CC	负面	A
	摩尔多瓦	1992－01－30	友好合作关系	免签	团体旅游免签，其他正常	双边经贸关系稳步发展。中国主要以出口为主。自贸区正在研究	1～2	否	否	是	否	B3（穆迪信用评级）	B3（穆迪信用评级）	稳定（穆迪信用评级）	A
非洲	埃及	1956－05－30	全面战略伙伴关系	公务普通需办理落地签	落地签	双边贸易关系发展顺利，贸易额持续增长，2014年同比2013年增长13.8%，中国以出口为主	110～120	否	否	是	是	B−	B−	稳定	A

注：1. 国家信息资料来自外交部网站2015年公开数据。

2. 国家信用评级采用大公国家信用评级的结果，网址 http://www.dagongcredit.com/content/details115_1650.html。相关缺失资料采用其他评级。

后 记

自2013年中国向世界发出共同建设“丝绸之路经济带”和“21世纪海上丝绸之路”倡议后，将自身发展与世界其他地区发展紧密相连，互通有无、互相促进继而实现共赢，成为中国人民与“一带一路”沿线国家和地区人民的共同诉求。本书研究团队在“一带一路”倡议提出之际，就认识复杂多变的气象条件将对“一带一路”倡议实施产生直接影响，精准的气象服务需求愈加紧迫，气象服务面临着前所未有的机遇。感谢中国气象局副局长矫梅燕对“一带一路”气象服务研究的支持，为本书研究提供了明确的指导方向。

过去三年多来，本书编写组成员一直从事“一带一路”的气象服务研究，力求能通过客观、准确的国际数据背景分析，提出“一带一路”气象服务推进路线图。因此研究团队前期投入大量时间就“一带一路”沿线国家的基本概况、国家信用和与中国外交关系、人均国民收入、气候背景等内容进行调研，都作为本书的附录材料，可以供更多的“一带一路”气象研究者参考查阅。在对“一带一路”沿线国家充分调研的基础上，研究团队多次与相关专家讨论，一次又一次进行思想碰撞，细化研究思路，探讨气象服务发展方向。不知有多少个周末是大家在讨论中度过的。在此也要特别感谢在编写过程中提供指导的王守荣研究员，为本书的研究提出了非常多的宝贵建议。本书得到了张祖强、胡鹏、王志强、张洪广、姜海如、潘进军、陈钻、黄全义、叶谦、陈鹤雏、黄娴玮等专家的指导，在此诚表感谢。

中国气象局国际合作司为本书提供了“一带一路”沿线国家气象机构的基本情况，国家气候中心气候服务室为本书提供了“一带一路”沿线国家气候背景资料。我们还参阅并引用了由广东省气象局、陕西省气象局牵头，中国气象局发展研究中心、中国气象局公共气象服务中心共同参与的《21世纪“海上丝绸之路”气象保障行动计划研究》《丝绸之路气象保障行动计划研究》的部分内容，在此一并向所有参与研究者表示感谢。

在本书即将出版之际，中国的“一带一路”建设已成为化理念为行动、变梦想为现实的重大国际合作倡议。倡议提出四年多来，这个吸引着全球目光、承载重大使命的宏大构想，实现路径越发清晰，也收获了越来越多的国际认可和赞誉。希望本书的出版能在气象服务伴随“一带一路”走出去的路线实施中发挥有益价值。

需要说明的是，尽管我们竭尽所能从客观、准确的角度去分析研究，但“一带一路”倡议是一个不断发展的过程，也是一个复杂而庞大的工程，同时，在研究过程中各种资料、数据的更新，有关分析结果具有一定的局限性，因此错误和遗漏在所难免，恳请各位同仁指正。

孙　健

2017 年 11 月